工控组态技术项目化教程

主　编　梁玉文　梁　亮　张晓娟
副主编　胡　钢　李　楠　刘　伟　许　瑶

北京理工大学出版社

BEIJING INSTITUTE OF TECHNOLOGY PRESS

内 容 简 介

本教材以工业组态技术的基本知识和技能为学习目标，介绍了 MCGS 通用版和嵌入版组态软件的基础知识及其在工程上的应用。本教材紧跟教学改革的步伐，将项目化教学应用到实际教学中，通过九个联系实际的工程项目讲解组态软件在工程上的应用。本书注重培养学生对理论知识的应用，对学生进行实践技能的锻炼和职业素养的提高。本书适合作为工业过程自动化、电气自动化等相关专业的教材，也可作为相关工程技术人员研究自动化生产线的参考书。

版权专有　侵权必究

图书在版编目（CIP）数据

工控组态技术项目化教程/梁玉文，梁亮，张晓娟主编. —北京：北京理工大学出版社，2016.12

ISBN 978 - 7 - 5682 - 3448 - 1

Ⅰ.①工…　Ⅱ.①梁…②梁…③张…　Ⅲ.①工业控制系统—应用软件—教材　Ⅳ.①TP273

中国版本图书馆 CIP 数据核字（2016）第 297173 号

出版发行／北京理工大学出版社有限责任公司

社　　　址／北京市海淀区中关村南大街 5 号

邮　　　编／100081

电　　　话／（010）68914775（总编室）

　　　　　　（010）82562903（教材售后服务热线）

　　　　　　（010）68948351（其他图书服务热线）

网　　　址／http：//www.bitpress.com.cn

经　　　销／全国各地新华书店

印　　　刷／北京泽宇印刷有限公司

开　　　本／787 毫米×1092 毫米　1/16

印　　　张／19.75　　　　　　　　　　　　　责任编辑／钟　博

字　　　数／470 千字　　　　　　　　　　　　文案编辑／钟　博

版　　　次／2016 年 12 月第 1 版　2016 年 12 月第 1 次印刷　　责任校对／周瑞红

定　　　价／52.00 元　　　　　　　　　　　　责任印制／李志强

本书内容充实，以典型的工程项目为载体，遵循从简单到复杂的循序渐进的教学规律，注重工程实践能力的提高，重点突出对学生职业技能的培养。全书分为三个模块：MCGS 组态技术概述、MCGS 通用版组态软件应用、MCGS 嵌入版组态软件应用。其中 MCGS 组态技术概述模块主要讲解组态技术的知识及 MCGS 通用版和嵌入版组态软件的功能、特点、安装、运行等知识；MCGS 通用版组态软件应用模块和 MCGS 嵌入版组态软件应用模块主要从组态工程的创建、界面制作、数据库变量连接、设备组态、数据报警、曲线、报表、工程操作权限及安全等方面讲解，按照项目导入、项目资讯、项目分析、项目实施、项目总结与评价、问题与思考六方面来设计，在项目实施中重点介绍项目的实施过程，即对项目资讯中的知识点的应用。

本书可作为工业过程自动化、电气自动化等专业开设的"组态技术"相关课程的教材，书中的重点内容都配有实物图片，直观形象，更易于学生学习理解。本书包含教学课件、项目工程实例等课程教学配套资源，为教师教学和学生自主学习提供了便利。本书可作为应用型本科相关专业、职业技能竞赛以及工业自动化技术的相关培训教材，还可作为相关工程技术人员研究自动化控制的参考书。

本书由的梁玉文、梁亮、张晓娟担任主编，由胡钢、李楠、刘伟、许瑶担任副主编，全书由梁玉文统稿。具体分工任务如下：梁玉文编写模块一中的项目一、模块二中的项目二、模块三中的项目一；梁亮编写模块一中的项目二、模块二的项目五；刘伟编写模块二中的项目一；李楠编写模块二中的项目三；张晓娟编写模块三中的项目二；胡钢编写模块二中的项目四；许瑶编写模块三中的项目三；陈静和宋慧编写模块二中的项目六和附录。参与本书的图文编写、文字整理、素材提供、案例及习题准备等辅助性工作的有的宋宇、李俊涛、钱海月、于秀娜、高岩、田军、马莹莹、袁玉琪、齐娟等。在此对所有关心和热心帮助本书出版的同志致以衷心的感谢。

由于编者水平有限，书中难免有不足与缺漏之处，请广大读者提出宝贵意见。

编　者

目录 Contents

模块一

MCGS组态技术概述

项目一　MCGS 通用版组态软件

1.1.1　学习目标

（1）了解什么是 MCGS 组态技术；

（2）掌握 MCGS 组态软件的系统构成、功能、特点及工作方式；

（3）熟悉组态软件组态环境与运行环境之间的关系；

（4）掌握 MCGS 组态软件的安装过程及步骤；

（5）掌握 MCGS 组态新建工程的步骤。

1.1.2　组态技术概述

1. 组态与组态控制技术的概念

组态（configuration）意思是模块化任意组合。

组态控制技术属于一种计算机控制技术，它是利用计算机监控某种设备，使其按照控制要求工作。利用组态控制技术构成的计算机组态监控系统主要由被控对象、传感器、I/O 接口、计算机及执行机构等部分组成。

在计算机控制系统中，组态有硬件组态和软件组态两个层面的含义。

硬件组态是指系统中大量选用各种专业设备生产厂家提供的成熟通用的硬件设备，通过对这些设备的简单组合与连接，构成自动控制系统。这些通用设备包括控制器（MUC、IPC 和 PLC 等）、各种检测设备（如传感器、变送器）、各种执行设备（如电动机、电磁阀、气缸等）、各种发出命令的输入设备（如按钮、开关、给定设备）以及各种 I/O 接口设备，这

1

些设备可根据需要进行组合。

目前国内外许多自动化设备厂家都生产可供组态的自动化产品，例如德国西门子公司，日本三菱、欧姆龙、松下等公司，法国施耐德公司，美国 AB 公司，中国台湾的研华公司，中国浙大中控公司等。这些厂家可提供各种工控机、I/O 板卡、I/O 模块、PLC 等硬件产品。

软件组态是指利用专业软件公司提供的专业工控软件进行控制系统工程的设计。例如，使用 MCGS 组态软件的工具包，可以完成组态监控系统人机界面的制作和程序的设计。

2. 组态软件

组态软件又称组态监控系统软件（Supervisory Control and Data Acquisition，数据采集与监视控制）。它是指一些数据采集与过程控制的专用软件。它们处在自动控制系统监控层一级的软件平台和开发环境，使用灵活的组态方式，为用户提供快速构建工业自动控制系统监控层一级的软平台和开发环境，使用灵活的组态方式，为用户提供快速构件工业自动控制系统监控功能的、通用层次的软件工具。组态软件的应用领域很广，可以应用于单利系统，给水系统，石油、化工等领域的数据采集与监视控制，以及过程控制等诸多领域。其在电力系统以及电气化铁道上又称远动系统〔RTU（Remote Terminal Unit）System〕。

市场上的组态软件可分为通用型和专用型。

通用型组态软件适用于不同厂家的硬件设备，常见的国产通用型组态软件有北京昆仑通态的 MCGS 组态软件、北京亚控科技的组态王 King View 软件等。每个用户根据工程实际情况，利用通用组态软件提供的底层设备（PLC、智能仪表、智能模板卡、变频器等）的 I/O 驱动器、开放式的数据库和画面制作工具，就能完成一个具有动画效果、实施数据处理、历史数据和曲线并存，具有多媒体功能和网络功能的工程，不受行业限制。

专用型组态软件只针对特定的硬件产品，如德国西门子的 WINCC 软件只能与西门子的硬件产品配合使用。

3. 组态软件的功能

组态软件通常有以下几方面的功能：

（1）具有强大的界面显示组态功能。目前，组态软件大都运行于 Windows 环境下，充分利用 Windows 的图形，具有功能完善、界面美观的特点。其具有可视化的风格界面、丰富的工具栏，操作人员可直接进入开发状态以节省时间；丰富的图形空间和工控图形库，既提供所需的组件，又是界面制作向导；其提供给用户丰富的作图工具，使用户可随心所欲地绘制出各种工业界面，并可任意编辑，从而将开发人员从繁重的界面设计中解放出来；丰富的动画连接方式，如隐含、闪烁、移动等，使界面生动、直观。

（2）具有良好的开放性。社会化的大生产，使得系统构成的全部软硬件不可能出自一家公司的产品，"异构"是当今控制系统的主要特点之一。开放性是指组态软件能与多种通信协议互联，支持多种硬件设备。开放性是衡量一个组态软件好坏的重要指标。组态软件向下应能与低层的数据采集设备通信，向上能与管理层通信，实现上位机与下位机的双向通信。

（3）提供丰富的功能模块，满足用户的测控要求和现场需求。组态软件利用各种功能模块完成实时监控、产生功能报表、显示历史曲线、实时曲线和提供警报等，使系统具有良好的人机界面，易于操作，系统既适用于单机集中式控制、DCS 分布式控制，也可以是具有远程通信能力的远程测控系统。

（4）配有强大的实时数据库，可存储各种数据，如模拟量、开关量、字符型数据等，实现与外部设备的数据交换。

（5）有可编程的命令语言，使用户可根据自己的需要编写程序，增强图形界面交互能力。

（6）可进行周密的系统安全防范，对不同的操作者赋予不同的操作权限，保证整个系统的安全，使系统可靠运行。组态软件有强大的仿真功能，可使系统并行设计，从而缩短开发周期。

4. MCGS 组态软件的概念及特点

1）MCGS 组态软件的概念

MCGS（Monitor and Control Generated System，通用监控系统）是一套用于快速构造和生成计算机监控系统的组态软件，它能够在各种 32 位 Windows 平台上运行，如 Microsoft Windows 95/98/Me/NT/2000 等操作系统。它通过对现场数据的采集处理，以动画显示、报警处理、流程控制和报表输出等多种方式向用户提供解决实际工程问题的方案，它充分利用了 Windows 图形功能完备、界面一致性好、易学易用的特点，比以往使用专用机开发的工业控制系统更具有通用性，在自动化领域有着更广泛的应用。

使用 MCGS 组态软件，用户无须具备计算机编程的知识，就可以在短时间内轻而易举地完成一个运行稳定、功能全面、维护量小并且具备专业水准的计算机监控系统的开发工作。

MCGS 组态软件具有操作简便、可视性好、可维护性强、性能高、可靠性高等突出特点，已成功应用于石油化工、钢铁、电力系统、水处理、环境监测、机械制造、交通运输、能源原材料、农业自动化、航空航天等领域，经过各种现场的长期实际运行，系统稳定可靠。

2）MCGS 组态软件的功能和特点

与国内外同类产品相比，MCGS 组态软件具有以下特点：

（1）全中文、可视化、面向窗口的组态开发界面，符合中国人的使用习惯和要求；真正的 32 位程序，可运行于 Microsoft Windows95/98/Me/NT/2000 等多种操作系统。

（2）庞大的标准图形库、完备的绘图工具以及丰富的多媒体支持，使用户能够快速地开发出集图像、声音、动画等于一体的漂亮、生动的工程画面。

（3）全新的 ActiveX 动画构件，包括存盘数据处理、条件曲线、计划曲线、相对曲线、通用棒图等，使用户能够更方便、更灵活地处理、显示生产数据。

（4）支持目前绝大多数硬件设备，同时可以方便地定制各种设备驱动；此外，独特的组态环境调试功能与灵活的设备操作命令相结合，使硬件设备与软件系统间的配合天衣无缝。

（5）简单易学的类 Basic 脚本语言与丰富的 MCGS 策略构件，使用户能够轻而易举地开发出复杂的流程控制系统。

（6）具有强大的数据处理功能，能够对工业现场产生的数据以各种方式进行统计处理，使用户能够在第一时间获得有关现场情况的第一手数据。

（7）方便的报警设置、丰富的报警类型、报警存贮与应答、实时打印报警报表功能以及灵活的报警处理函数，使用户能够方便、及时、准确地捕捉到任何报警信息。

（8）具有完善的安全机制，允许用户自由设定菜单、按钮及退出系统的操作权限。此外，MCGS 4.1 还提供了工程密码、锁定软件狗、工程运行期限等功能，以保护组态开发者的成果。

（9）具有强大的网络功能，支持 TCP/IP、Modem、485/422/232，以及各种无线网络和无线电台等多种网络体系结构。

（10）具有良好的可扩充性，可通过 OPC、DDE、ODBC、ActiveX 等机制，方便地扩展MCGS 4.1 组态软件的功能，并与其他组态软件、MIS 系统或自行开发的软件进行连接。

（11）提供了 WWW 浏览功能，能够方便地实现生产现场控制与企业管理的集成。在整个企业范围内，只使用 IE 浏览器就可以在任意一台计算机上方便地浏览与生产现场一致的动画画面、实时和历史的生产信息，包括历史趋势，生产报表等，并提供完善的用户权限控制。

5. MCGS 组态软件的体系结构

MCGS 软件系统包括组态环境和运行环境两个部分。组态环境相当于一套完整的工具软件，帮助用户设计和构造自己的应用系统。运行环境则按照组态环境中构造的组态工程，以用户指定的方式运行，并进行各种处理，完成用户组态设计的目标和功能。

MCGS 组态软件（以下简称 MCGS）由"MCGS 组态环境"和"MCGS 运行环境"两个系统组成。两部分互相独立，又紧密相关，如图 1.1.1 所示。

图 1.1.1　MCGS 的组态环境与运行环境的关系

MCGS 组态环境是生成用户应用系统的工作环境，由可执行程序 McgsSet.exe 支持，其存放于 MCGS 目录的 Program 子目录中。用户在 MCGS 组态环境中完成动画设计、设备连接、控制流程的编写、工程打印报表的编制等全部组态工作后，生成扩展名为".mcg"的工程文件，又称为组态结果数据库，其与 MCGS 运行环境一起，构成了用户应用系统，统称为"工程"。

MCGS 运行环境是用户应用系统的运行环境，由可执行程序 McgsRun.exe 支持，其存放于 MCGS 目录的 Program 子目录中。在运行环境中完成对工程的控制工作。

6. MCGS 的组成部分

MCGS 所建立的工程由主控窗口、设备窗口、用户窗口、实时数据库和运行策略五部分构成，如图 1.1.2 所示。

图 1.1.2　MCGS 的组成部分

MCGS用"工作台"窗口来管理这5个部分，如图1.1.3所示。工作台上的5个标签对应了5个不同的选项卡，每个选项卡负责管理用户应用系统的一个部分，每一部分分别进行组态操作，完成不同的工作，具有不同的特性。在 MCGS 通用版组态软件中，每个应用系统只能有一个主控窗口和一个设备窗口，但可以有多个用户窗口和多个运行策略，实时数据库也可以有多个数据对象。

图 1.1.3　"工作台"窗口

（1）主控窗口：它是工程的主窗口或主框架。它确定了工业控制中工程作业的总体轮廓、运行流程、菜单命令、特性参数和启动命令等参数。在主控窗口中可以放置一个设备窗口和多个用户窗口，负责调度和管理这些窗口的打开或关闭。主要的组态操作包括：定义工程的名称、编制工程菜单、设计封面图形、确定自动启动的窗口、设定动画刷新周期、指定数据库存盘文件名称及存盘时间等，如图 1.1.4 所示。

（a）　　　　　　　　　　　　　　　（b）

图 1.1.4　主控窗口

（a）主控窗口"菜单组态"；（b）"主控窗口属性设置"对话框

（2）设备窗口：它是连接和驱动外部设备的工作环境。在该窗口内可配置数据采集与控制输出设备，注册设备驱动程序，定义连接与驱动设备用的数据变量。它是 MCGS 系统与外部设备联系的媒介。设备窗口专门用来放置不同类型和功能的设备构件，如图 1.1.5 所示。它通过设备构件把外部设备的数据采集进来，送入实时数据库，或把实时数据库中的数据输出到外部设备。运行时，系统自动打开设备窗口，管理和调度所有设备构件正常工作。但要注意，对用户来说，设备窗口在运行时是不可见的。

（a）

图 1.1.5　设备窗口

（a）"设备窗口"选项卡

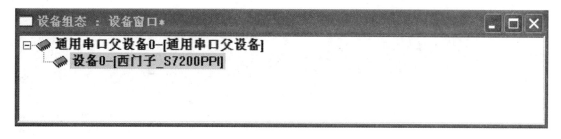

（b）

图 1.1.5 设备窗口（续）

（b）"设备组态：设备窗口"对话框

（3）用户窗口：该窗口主要用于设置工程中人机交互的界面，例如生成各种动画显示画面、报警输出、数据与曲线图表等，由用户自己定义。用户窗口中有 3 种不同类型的图形对象，即图元、图符和动画构件。图元和图符对象为用户提供了一套完善的设计制作图形画面和定义动画的方法。动画构件则对应于不同的动画功能，它们是从工程实践经验中总结出来的常用的动画显示与操作模块，用户可以直接使用。

通过搭建多个用户窗口、在用户窗口内放置不同的图形对象等操作，用户可以构造各种复杂的图形界面，然后再借助内部命令和脚本程序来实现其工艺流程和画面的调用，从而实现现场工艺流程的"可视化"。

在组态工程中可定义多个用户窗口，如图 1.1.6 所示，但最多不超过 512 个。所有用户窗口均位于主控窗口内，其打开时窗口可见，关闭时窗口不可见。允许多个用户窗口同时处于打开状态。

（a）

图 1.1.6 用户窗口

（a）"用户窗口"选项卡；

（b）

图 1.1.6　用户窗口（续）

（b）多个打开窗口

（4）实时数据库：它是工程各个部分的数据交换与处理中心，它将 MCGS 工程的各个部分连接成有机的整体，是 MCGS 系统的核心。

在数据库中，可定义不同类型和名称的变量，作为数据采集、处理、输出控制、动画连接及设备驱动的对象，如图 1.1.7 所示。实时数据库用来管理所有的实时数据，将实时数据在系统中进行交换处理，自动完成对实时数据的报警处理和存盘处理等，有时还可处理相关信息。因此，实时数据库中的数据不同于传统意义上的数据或变量，它不仅包含了变量的数值特征，还将与数据相关的其他属性（如数据的状态、报警限值等）以及对数据的操作方法（如存盘处理、报警处理等）封装在一起，作为一个整体，以对象的形式提供服务。这种把数值、属性和方法定义成一体的数据称为数据对象。

（5）运行策略：它是指用户为实现对系统运行流程自由控制所组态而成的一系列功能模块的总称，主要用于完成工程运行流程的控制，包括编写控制程序（if⋯then 脚本程序），选用各种功能构件，如数据提取、定时器、配方操作、多媒体输出等。通过对运行策略的定义，可使系统能够按照设定的顺序和条件操作数据库，控制用户窗口的打开、关闭并确定设备构件的工作状态等，从而实现对外部设备工作过程的精确控制。

一个应用系统有 3 个固定的运行策略：启动策略、循环策略和退出策略，如图 1.1.8 所示。用户还可根据具体需要创建新的用户策略、报警策略、实践策略等。但要注意：用户最多可创建 512 个用户策略。

图 1.1.7　"实时数据库"选项卡

（a）

（b）

图 1.1.8　运行策略

（a）"运行策略"选项卡；（b）新建策略类型选择窗口

1.1.3　MCGS 通用版组态软件的安装

1. MCGS 通用版组态软件的系统要求

1）硬件需求

MCGS 系统要求在 IBM PC486 以上的微型机或兼容机上运行，以微软的 Windows 95、Windows 98、Windows Me、Windows NT 或 Windows 2000 为操作系统。

2）软件需求

MCGS 可以在以下操作系统下运行：

（1）中文 Microsoft Windows NT Server 5.0（需要安装 SP3）或更高版本；

（2）中文 Microsoft Windows NT Workstation 5.0（需要安装 SP3）或更高版本；

（3）中文 Microsoft Windows 95、98、Me、2000（Windows 95 推荐安装 IE4.0）或更高

版本。

说明：在中文 Microsoft Windows NT Server 5.0 或中文 Microsoft Windows NT Workstation 5.0 操作系统上安装 MCGS 通用版组态软件时，该软件将自动检测是否已安装了 SP3。如果未安装，将提示是否安装，选择"是"即可进行安装。如果仍未安装成功，可以在安装光盘的 SUPPORT \ SP3 目录下双击 Updata. exe 程序安装 SP3。

2. MCGS 通用版组态软件的安装过程

MCGS 通用版组态软件可使用安装光盘或使用组态软件安装包进行安装，具体安装步骤如下：

（1）启动 Windows；

（2）在相应的驱动器中插入光盘，或者打开组态软件的安装包，如图 1.1.9 所示；

图 1.1.9　安装包文件夹

（3）双击"mcgs 通用版"文件夹图标，打开"mcgs 通用版"文件夹，MCGS 安装程序窗口如图 1.1.10 所示。

图 1.1.10　MCGS 安装程序窗口

（4）双击"McgsSetup"图标，弹出 MCGS 通用版组态软件安装对话框，如图 1.1.11 所示。

图 1.1.11　MCGS 通用版组态软件安装向导

（5）单击"下一步"按钮，会弹出 MCGS 通用版组态软件自述文件对话框，如图 1.1.12 所示。

图 1.1.12　MCGS 通用版组态软件自述文件对话框

（6）单击"下一步"按钮，弹出设置安装路径的界面，如图 1.1.13 所示。系统默认的安装路径为"D:\MCGS"。用户可自行设置安装路径，也可选择系统默认安装路径。安装路径设置好后，再单击"下一步"按钮，系统会自动进入软件安装过程。安装完成后，安装程序将自动弹出安装结束对话框，如图 1.1.14 所示。

图 1.1.13　设置 MCGS 通用版组态软件安装路径的界面

图 1.1.14　MCGS 通用版组态软件安装结束提示对话框

（7）单击"完成"按钮，进入到安装的最后一步，如图 1.1.15 所示，单击"确定"按钮，重新启动计算机，MCGS 主程序安装结束。

（8）再次进入图 1.1.10 所示的窗口中，双击"SetupDriver"图标，安装驱动程序。安装完成后，Windows 操作系统的桌面上添加了两个快捷图标，如图 1.1.16 所示。

图 1.1.15　重启计算机　　　　　　　　图 1.1.16　桌面快捷图标

同时 Windows 的"开始菜单"中也添加了相应的 MCGS 程序组，如图 1.1.17 所示，包括 MCGS 电子文档、MCGS 运行环境、MCGS 自述文档、MCGS 组态环境以及 MCGS 组态软件卸载程序。其中，运行环境环境和组态环境为软件的主体，自述文档则描述软件发行时的最后信息，电子文档则包含了相关 MCGS 最新的帮助信息。

图 1.1.17　MCGS 程序组

1.1.4　MCGS 通用版组态软件的运行与工作方式

1. MCGS 通用版组态软件的运行

MCGS 系统分为组态环境和运行环境两个部分。文件 MCGS Set. exe 对应于 MCGS 系统的组态环境，文件 MCGS Run. exe 对应于 MCGS 系统的运行环境。

MCGS 系统安装完成后，在用户指定的目录（或系统缺省目录 D:\MCGS）下创建有三个子目录：Program、Samples 和 Work。组态环境和运行环境对应的两个执行文件以及 MCGS 中用到的设备驱动、动画构件及策略构件存放在子目录 Program 下，样例工程文件存放在 Samples 目录下，Work 子目录则是用户的缺省工作目录。

分别运行执行程序 MCGS Set. exe 和 MCGS Run. exe，就能进入 MCGS 的组态环境和运行环境。安装完毕后，运行环境能自动加载并运行样例工程。用户可根据需要创建和运行自己的新工程。

2. 通用版组态软件的工作方式

1）MCGS 如何与设备进行通信

MCGS 通过设备驱动程序与外部设备进行数据交换，包括数据采集和发送设备指令。设备驱动程序是由 VB、VC 程序设计语言编写的 DLL（动态链接库）文件，设备驱动程序中包含符合各种设备通信协议的处理程序，将设备运行状态的特征数据采集进来或发送出去。MCGS 负责在运行环境中调用相应的设备驱动程序，将数据传送到工程中的各个部分，完成整个系统的通信过程。每个驱动程序独占一个线程，达到互不干扰的目的。

2）MCGS 如何产生动画效果

MCGS 为每一种基本图形元素定义了不同的动画属性，例如：一个长方形的动画属性有可见度、大小变化、水平移动等，每一种动画属性都会产生一定的动画效果。所谓动画属性，实际上是反映图形的大小、颜色、位置、可见度、闪烁性等状态的特征参数。然而，在组态环境中生成的画面都是静止的，如何在工程运行中产生动画效果呢？方法是：图形的每一种动画属性中都有一个"表达式"设定栏，在该栏中设定一个与图形状态相联系的数据变量，连接到实时数据库中，以此建立相应的对应关系，这称为动画连接。MCGS 的动画效果如图 1.1.18 所示。

图 1.1.18　MCGS 的动画效果

3）MCGS 如何实施远程多机监控

MCGS 提供了一套完善的网络机制，可通过 TCP/IP 网、Modem 网和串口网将多台计算机连接在一起，构成分布式网络监控系统，实现网络间的实时数据同步、历史数据同步和网络事件的快速传递。同时，可利用 MCGS 提供的网络功能，在工作站上直接对服务器中的数据库进行读写操作。分布式网络监控系统的每一台计算机都要安装一套 MCGS。MCGS 把各种网络形式，以父设备构件和子设备构件的形式供用户调用，并进行工作状态、端口号、工作站地址等属性参数的设置。

4）如何对工程运行流程实施有效控制

MCGS 开辟了专用的"运行策略"窗口，建立用户运行策略。MCGS 提供了丰富的功能构件，供用户选用，通过构件配置和属性设置两项组态操作，生成各种功能模块（称为"用户策略"），使系统能够按照设定的顺序和条件，操作实时数据库，实现对动画窗口的任意切换，控制系统的运行流程和设备的工作状态。所有的操作均采用面向对象的直观方式，避免了烦琐的编程工作。

用户应着重掌握 MCGS 的五大部分的概念，明确每一部分的功能以及工程组态中的各个部分的实现应在软件的哪一部分中完成。对于每一部分相互之间如何进行数据交换，将在以后的章节中详细介绍。对于 MCGS 的运行机制，用户只需作一般性了解。

1.1.5　MCGS 组建新工程的步骤

1）工程系统分析

在使用组态软件新建工程之前，首先要熟悉工程的技术要求，分析工程项目的系统构成、工艺流程，确定监控系统的控制流程和被监控对象的特征等问题。在此基础上，拟定组建工程的总体规划和设想，主要包括用户窗口界面、动画效果以及需要在实时数据库中定义哪些数据对象等，同时还要分析工程中的设备采集及输出通道与软件中实时数据库对象的对应关系，确定哪些数据对象是要求与设备连接的，哪些数据对象是软件内部用来传递数据集动画显示的。

2）建立新工程

建立新工程主要包括：定义工程名称；封面窗口（系统进入运行状态，第一个显示的图形界面）名称；启动窗口名称；系统默认存盘数据库或指定存盘数据库文件的名称及存盘数据库；设定动画刷新的周期。经过上述操作，即在 MCGS 组态环境中建立了由主控窗口、设备窗口、用户窗口、实时数据库和运行策略 5 个部分组成的工程结构框架。

3）设计用户操作菜单的基本体系

在系统运行的过程中，为了便于画面的切换和变量的提取，通常用户需要建立自己的菜单。建立菜单分两步进行，第一步是建立菜单的框架，第二步是对菜单进行功能组态。在组态过程中，用户可以根据实际需要，随时对菜单的内容进行增加或删减，不断完善，最终确定工程的菜单。

4）完成动态监控画面的制作

监控画面的制作分为静态图形设计和动态属性设置两个过程。首先是建立静态画面。静态画面是指利用系统提供的绘图工具绘制出监控画面的效果图，也可以是一些通过数码相机、扫描仪、专用绘图软件等手段创建的图片。其次，通过设置图形的动画属性，建立其与实时数据库变量的连接关系，从而完成静态画面的动画设计，实现颜色的变化、形状大小的变化及位置的变化等功能。

5）编写控制流程程序

在运行策略窗口内，需要从策略构建箱中选择所需功能策略构件，构成各种模块（称为策略块），由这些模块实现各种人机交互操作。在窗口动画制作过程中，除了一些简单的动画是由图形语言定义外，大部分较复杂的动画效果和数据之间的连接都是通过一些程序命令来实现的，MCGS为用户提供了大量的系统内部命令。其语句形式兼容于VB、VC语言的格式。另外，MCGS还为用户提供了编程用的功能构件（称为"脚本程序"功能构件），这样就可以通过简单的编程语言来编写工程控制程序。

6）完善菜单按钮功能

虽然用户在工程中建立了自己的操作菜单，但对于一些功能比较强大的控制系统工程，有时还需通过对菜单命令、监控器件、操作按钮的功能组态，来实现与一些数据变量和画面的连接；实现历史数据、实时数据、各种曲线、数据报表、报警信息输出等功能；建立工程安全机制等。

7）编写程序完成工程调试

用户可以通过编写脚本程序或系统控制程序（如PLC程序）等进行工程的调试运行。首先可利用调试程序产生的模拟数据，初检动画显示和控制流程是否合理，然后进行现场在线调试，进一步完善动画效果和控制流程，以确定最优方案，使监控系统可靠运行。

8）连接设备驱动程序

在实现MCGS组态监控系统与外部设备连接前，应在设备窗口中选定与设备匹配的设备构件，设置通信协议，连接设备通道，确定数据变量的数据处理方式，完成设备属性的设置。

9）工程的综合测试

工程整体制作结束，进入最后测试过程，该过程将完成整个工程的组态工作，顺利实现工程的交接。为了保障工程技术人员的劳动成果，MCGS为用户提供了完善的保护措施，如工程密码的分级建立、系统登录的权限及软件狗的单片机锁定等，充分保护了知识产权的合法权益。

上述9个步骤可归类简化成4个步骤，即工程系统分析、监控画面的制作、实时数据库的建立及动画连接（此步骤中包含图符构件属性设置、运行策略选择、菜单按钮功能完善及设备组态等）。

值得注意的是，以上步骤只是按照组态工程的一般思路列出的，在实际组态中，对步骤的划分没有严格的限制和规定，甚至有些步骤是交织在一起进行的，用户可根据工程的实际需要，调整步骤的先后顺序。

1.1.6 思考与问题

（1）什么是组态？它包括哪些内容？

（2）组态软件由几部分组成？各组成部分有何特点？其功能是什么？

（3）组态环境由几部分组成？各部分的功能是什么？

（4）组态软件的安装注意事项有哪些？

（5）MCGS 通用版组态软件的驱动如何安装？

项目二　MCGS 嵌入版组态软件

1.2.1　学习目标

（1）了解 MCGS 嵌入版组态软件的主要特性和功能；
（2）熟悉 MCGS 嵌入版组态软件的构成和组成部分的功能；
（3）掌握 MCGS 嵌入版组态软件的安装要求及安装步骤；
（4）熟悉 MCGS 嵌入版组态软件与通用版组态软件的区别；
（5）掌握 MCGS 嵌入版组态软件的上传、下载的功能设置；
（6）熟悉 TPC1602K 触摸屏的结构及安装。

1.2.2　MCGS 嵌入版组态软件概述

本项目介绍 MCGS 嵌入版全中文工控组态软件的基本功能和主要特点，并对软件系统的构成和各个组成部分的功能进行详细的说明，帮助用户认识 MCGS 嵌入版组态软件系统总体的结构框架，同时介绍 MCGS 嵌入版系统运行的硬件和软件需求，以及 MCGS 嵌入版组态软件的安装过程和工作环境，学习使用 MCGS 嵌入版系统。

1. MCGS 嵌入版组态软件的概念

MCGS 嵌入版组态软件是基于 MCGS 开发的专门应用于嵌入式计算机监控系统的组态软件，MCGS 嵌入版组态软件包括组态环境和运行环境。它的组态环境能够在微软的各种 32 位 Windows 平台上运行，运行环境则是在实时多任务嵌入式操作系统 WindowsCE 中运行。它适用于对功能、可靠性、成本、体积、功耗等综合性能有严格要求的专用计算机系统。它通过对现场数据的采集处理，以动画显示、报警处理、流程控制和报表输出等多种方式向用户提供解决实际工程问题的方案，在自动化领域有着广泛的应用。

2. MCGS 嵌入版组态软件与通用版组态软件的区别

1）嵌入版与通用版的相同之处

嵌入版与通用版有很多相同之处：

（1）相同的操作理念。组态环境都是简单直观的可视化操作界面，用户无须具备编程的知识，就可以在短时间内开发出一个具备专业水准的计算机应用系统。

（2）相同的组态平台。其都是运行于 Windows 95/98/Me/NT/2000 等及以上版本的操作系统。

（3）相同的硬件操作方式。其都是通过挂接设备驱动来实现和硬件的数据交互，这样用户不必了解硬件的工作原理和内部结构，通过设备驱动的选择就可以轻松地实现计算机和硬件设备的数据交互。

2）嵌入版与通用版的不同之处

虽然嵌入版和通用版有很多相同之处，但嵌入版和通用版是适用于不同控制要求的，所二者之间又有明显的不同。

（1）性能不同。

①功能作用不同。虽然嵌入版中也集成了人机交互界面，但嵌入版是专门针对实时控制而设计的，应用于实时性要求高的控制系统中，而通用版主要应用于实时性要求不高的监测系统中，它的主要作用是用来作监测和数据后台处理，如动画显示、报表等，当然对于完整的控制系统来说二者都是不可或缺的。

②运行环境不同。嵌入版运行于嵌入式系统；通用版运行于 Microsoft Windows 95/98/Me/NT/2000 等及以上版本的操作系统。

③体系结构不同。嵌入版的组态和通用版的组态都是在通用计算机环境下进行的，但嵌入版的组态环境和运行环境是分开的，在组态环境下组态好的工程要下载到嵌入式系统中运行，而通用版的组态环境和运行环境是在一个系统中。

（2）与通用版相比，嵌入版新增了部分功能。

①模拟环境的使用。嵌入版的模拟环境 CEEMU.exe 的使用，解决了用户组态时必须将计算机与嵌入式系统相连的问题，用户在模拟环境中就可以查看组态的界面美观性、功能的实现情况以及性能的合理性。

②嵌入式系统函数。通过函数的调用，嵌入版可以对嵌入式系统进行内存读写、串口参数设置、磁盘信息读取等操作。

③工程下载配置。嵌入版可以使用 USB 通信或使用 TCP/IP 进行与下位机的通信，同时可以监控工程下载情况。

（3）与通用版相比，嵌入版也有不同的使用功能。

①动画构建中的文件播放、存盘数据处理、多行文本、格式文本、设置时间、条件曲线、相对曲线和通用帮图。

②策略构建中的音响输出、Excel 报表输出、报警信息浏览、存盘数据复制、存盘数据浏览、修改数据库、存盘数据提取、设置时间范围构件。

③脚本函数中不能使用的有：运行环境操作函数中的!SetActiveX、!CallBackSvr；数据对象操作函数中的!GetEventDT、!GetEventT、! GetEventP、!DelSaveDat；系统操作中的!EnableDDEConnect、!EnableDDEOutput、!DDEReconnect、!ShowDataBackup、!Navigate、!Shell、!TerminateApplication、!AppActive、!Winhelp；ODBC 数据库函数、配方操作。

④数据后处理，包括 Access、ODBC 数据库访问功能。

⑤远程监控。

3. MCGS 嵌入版组态软件的主要特点

（1）容量小：整个系统的最低配置只需要 2 M 的存储空间，可以方便地使用 DOC 等存储设备。

（2）速度快：系统的时间控制精度高，可以方便地完成各种高速采集系统，满足实时控制系统的要求。

（3）成本低：系统最低配置只需要主频为 24 MHz 的 386 单板计算机、2MDOC，4M 内存，这大大降低了设备成本。

（4）真正嵌入：运行于嵌入式实时多任务操作系统。

（5）稳定性高：无硬盘，内置看门狗，上电重启时间短，可在各种恶劣环境下长时间稳定运行。

（6）功能强大：提供中断处理，定时扫描精度可达到毫秒级，提供对计算机串口、内存、端口的访问，并可以根据需要灵活组态。

（7）通信方便：内置串行通信功能、以太网通信功能、Web 浏览功能和 Modem 远程诊断功能，可以方便地实现与各种设备进行数据交换、远程采集和 Web 浏览。

（8）操作简便：嵌入版不但继承了通用版与网络版简单易学的优点，还增加了灵活的模块操作，以流程为单位构造用户控制系统，这使得嵌入版的组态操作既简单直观，又灵活多变。

（9）支持多种设备：提供了所有常用的硬件设备的驱动。

（10）有助于建造完整的解决方案：嵌入版组态环境运行于具备良好人机界面的 Windows 操作系统上，具备与北京昆仑通态公司已经推出的通用版本组态软件和网络版组态软件相同的组态环境界面，可有效帮助用户建造从嵌入式设备、现场监控工作站到企业生产监控信息网在内的完整解决方案，并有助于用户开发的项目在这三个层次上的平滑迁移。

4. MCGS 嵌入版组态软件的体系结构（图 1.2.1）

个人计算机

触摸屏

图 1.2.1　MCGS 嵌入版组态软件

MCGS 嵌入式组态软件的体系结构分为组态环境、模拟运行环境和运行环境三部分。

组态环境和模拟运行环境相当于一套完整的工具软件，可以在个人计算机上运行。用户可根据实际需要裁减其中的内容。它帮助用户设计和构造自己的组态工程并进行功能测试。运行环境则是一个独立的运行系统，它按照组态工程中用户指定的方式进行各种处理，完成用户组态设计的目标和功能。运行环境本身没有任何意义，必须与组态工程一起作为一个整体，才能构成用户应用系统。一旦组态工作完成，并且将组态好的工程通过串口或以太网下载到下位机的运行环境中，组态工程就可以离开组态环境而独立运行在下位机上，从而实现了控制系统的可靠性、实时性、确定性和安全性。

5. MCGS 嵌入版组态软件的组成部分

由 MCGS 嵌入版组态软件生成的用户应用系统，其结构由主控窗口、设备窗口、用户窗口、实时数据库和运行策略五个部分构成，如图 1.2.2 所示。

它可以放置不同的构件，创建图形对象并调整画面的布局，组态配置不同的参数以完成不同的功能。

在 MCGS 嵌入版组态软件中，每个应用系统只能有一个主控窗口和一个设备窗口，但可以有多个用户窗口和多个运行策略，实时数据库中也可以有多个数据对象。MCGS 嵌入版组态软件用主控窗口、设备窗口和用户窗口来构成一个应用系统的人机交互图形界面，组态配置各种不同类型和功能的对象或构件，同时可以对实时数据进行可视化处理。

图 1.2.2　MCGS 嵌入版组态软件的构成

1）实时数据库是 MCGS 嵌入版系统的核心

实时数据库相当于一个数据处理中心，同时也起到公用数据交换区的作用。MCGS 嵌入版组态软件使用自建文件系统中的实时数据库来管理所有的实时数据。从外部设备采集来的实时数据送入实时数据库，系统其他部分操作的数据也来自实时数据库。实时数据库自动完成对实时数据的报警处理和存盘处理，同时它还根据需要把有关信息以事件的方式发送给系统的其他部分，以便触发相关事件，进行实时处理。因此，实时数据库所存储的单元不单单是变量的数值，还包括变量的特征参数（属性）及对该变量的操作方法（报警属性、报警处理和存盘处理等）。这种将数值、属性、方法封装在一起的数据称为数据对象。实时数据库采用面向对象的技术，为其他部分提供服务，提供了系统各个功能部件的数据共享。

2）主控窗口构造了应用系统的主框架

主控窗口确定了工业控制中工程作业的总体轮廓，以及运行流程、特性参数和启动特性等项内容，是应用系统的主框架。

3）设备窗口是 MCGS 嵌入版系统与外部设备联系的媒介

设备窗口专门用来放置不同类型和功能的设备构件，实现对外部设备的操作和控制。设备窗口通过设备构件把外部设备的数据采集进来，送入实时数据库，或把实时数据库中的数据输出到外部设备。一个应用系统只有一个设备窗口，运行时，系统自动打开设备窗口，管理和调度所有设备构件正常工作，并在后台独立运行。注意，对用户来说，设备窗口在运行时是不可见的。

4）用户窗口实现了数据和流程的"可视化"

用户窗口中可以放置三种不同类型的图形对象：图元、图符和动画构件。图元和图符对象为用户提供了一套完善的设计制作图形画面和定义动画的方法，动画构件对应于不同的动画功能，它们是从工程实践经验中总结出的常用的动画显示与操作的模块，用户可以直接使用。通过在用户窗口内放置不同的图形对象，控制多个用户窗口，用户可以构造各种复杂的图形界面，用不同的方式实现数据和流程的"可视化"。组态工程中的用户窗口最多可定义512 个。所有的用户窗口均位于主控窗口内，其打开时窗口可见，关闭时窗口不可见。

5）运行策略是对系统运行流程实现有效控制的手段

运行策略本身是系统提供的一个框架，里面放置有策略条件和策略构件组成的"策略行"，通过对运行策略的定义，系统能够按照设定的顺序和条件操作实时数据库、控制用户窗口的打开、关闭并确定设备构件的工作状态等，从而实现对外部设备工作过程的精确控制。

一个应用系统有三个固定的运行策略——启动策略、循环策略和退出策略，同时允许用户创建或定义最多 512 个用户策略。启动策略在应用系统开始运行时调用，退出策略在应用系统退出运行时调用，循环策略由系统在运行过程中定时循环调用，用户策略供系统中的其他部件调用。

综上所述，一个应用系统由主控窗口、设备窗口、用户窗口、实时数据库和运行策略五个部分组成。组态工作开始时，系统只为用户搭建了一个能够独立运行的空框架，提供了丰富的动画部件与功能部件。如果要完成一个实际的应用系统，应主要完成以下工作：

首先，要像搭积木一样，在组态环境中用系统提供的或用户扩展的构件构造应用系统，配置各种参数，形成一个有功能丰富、可实际应用的工程；

然后，把组态环境中的组态结果提交给运行环境。运行环境和组态结果一起就构成了用户自己的应用系统。

1.2.3　MCGS 嵌入版组态软件的安装

MCGS 嵌入版组态软件的组态环境与通用版基本一致，是专为 Microsoft Windows 系统设计的 32 位应用软件，可以运行于 Windows NT5.0、Windows 2000 或以上版本的 32 位操作系统中，其模拟环境也同样运行在 Windows NT5.0、Windows 2000 或以上版本的 32 位操作系统中。推荐使用中文 Windows 2000、Windows XP、中文 Windows NT 5.0 或以上版本的操作系统。而 MCGS 嵌入版组态软件的运行环境则需要运行在 Windows CE 嵌入式实时多任务操作系统中。

安装 MCGS 嵌入版组态软件之前，必须安装好 WindowsXP 或 Windows 2000，详细的安装指导请参见相关软件的软件手册。

MCGS 嵌入版组态软件只有一张安装光盘，具体安装步骤如下：

启动 Windows，在相应的驱动器中插入光盘，或打开安装包，插入光盘后会自动弹出MCGS 嵌入版组态软件安装界面（如没有窗口弹出，则在 Windows 的"开始"菜单中，选择"运行"命令，运行光盘中的 Autorun. exe 文件），在安装程序窗口中选择"安装 MCGS嵌入版组态软件"，弹出选择安装程序窗口，如图 1.2.3、图 1.2.4 所示。

安装 MCGS 嵌入版组态软件分为两部分，安装 MCGS 主程序和安装 MCGS 驱动。缺省设置为全部选中，也可以选择只安装 MCGS 主程序，以后再安装 MCGS 驱动。点击"继续"按钮，启动安装程序，开始安装 MCGS 主程序。

按提示步骤操作，随后安装程序将提示指定安装目录，用户不指定时，系统缺省安装到"D:\MCGSE"目录下，建议使用缺省目录，如图 1.2.5 所示。

图 1.2.3 MCGS 嵌入版组态软件安装界面

图 1.2.4 MCGS 嵌入版组态软件安装程序窗口

图 1.2.5 MCGS 嵌入版组态软件安装目录选择窗口

　　MCGS 主程序安装完成后，开始安装 MCGS 驱动，安装程序将把驱动安装至目录 "\Program\Drivers"下。

　　单击"下一步"按钮，选择要安装的驱动，缺省选项为一些常用的设备驱动，包括通用设备，西门子 PLC、欧姆龙 PLC、三菱 PLC 设备和研华模块的驱动。可以像图 1.2.6 所示一样先安装一部分驱动，其余的在需要的时候再安装；也可以一次安装所有的驱动。单击"下一步"按钮进行安装。

　　选择好后，按提示操作，MCGS 驱动程序安装过程大约需要几分钟。

　　安装过程完成后，系统将弹出对话框提示安装完成，选择立即重新启动计算机或稍后重新启动计算机，建议重新启动计算机后再运行组态软件，结束安装，如图 1.2.7 所示。

图 1.2.6　"MCGS 嵌入版驱动安装"窗口

安装完成后，Windows 操作系统的桌面上添加了如图 1.2.8 所示的两个快捷方式图标，其分别用于启动 MCGS 嵌入式组态环境和模拟运行环境。

图 1.2.7　驱动安装完成时的提示　　　　图 1.2.8　MCGS 嵌入版组态软件在桌面上的图标

同时，Windows 在开始菜单中也添加了相应的 MCGS 嵌入版组态软件程序组（图 1.2.9），此程序组包括五项内容：MCGSE 组态环境、MCGSE 模拟运行环境、MCGSE 自述文件、MCGSE 电子文档以及卸载 MCGSE 组态软件。MCGSE 组态环境，是嵌入版的组态环境；MCGSE 模拟运行环境，是嵌入版的模拟运行环境；MCGSE 自述文档描述了软件发行时的最后信息；MCGSE 电子文档则包含了有关嵌入版最新的帮助信息。

图 1.2.9　MCGS 嵌入版组态软件程序组

在系统安装完成以后，在用户指定的目录下（或者是默认目录"D：\ MCGSE"），存在三个子文件夹：Program、Samples、Work。在 Program 子文件夹中，可以看到两个应用程序 MCGSSetE. exe、CEEMU. exe 以及 CeSvr. X86、MCGSCE. X86、CeSvr. ARMV4、MCGSCE. ARMV4 等文件。

MCGSSetE. exe 是运行 MCGS 嵌入版组态环境的应用程序；CEEMU. exe 是运行模拟运行环境的应用程序；Samples 文件夹中是样例工程，用户自己组态的工程将缺省保存在 Work 子文件夹中。

1.2.4 MCGS 嵌入版工程的上传下载及运行

1. 下载功能

用户现场调试和修改工程后，经常要给已经运行了一段时间后的 TPC 重新下载工程。之前版本在每次下载的时候会自动删除屏上工程产生的所有数据，为了让用户根据需求有所选择，对下载配置选项进行了优化，用户可以自主选择需保留的数据。现场调试时从屏里直接上传工程，然后使用，这可以避免用户版本管理混乱造成的错误。

在组态环境下选择工具菜单中的下载配置，将弹出"下载配置"对话框，如图 1.2.10 所示。

图 1.2.10　"下载配置"对话框

1）设置域

（1）背景方案：用于设置模拟运行环境屏幕的分辨率，用户可根据需要选择。其包括八个选项，如图1.2.11所示。

图1.2.11　背景方案选择

（2）连接方式：用于设置上位机与下位机的连接方式。其包括两个选项：

①TCP/IP网络：通过TCP/IP网络连接。选择此项时，下方显示目标机名输入框，用于指定下位机的IP地址。

②USB通信：通过USB连接线连接PC/TPC。USB通信方式仅适用于具有USB接口的TPC，否则只能使用TCP/IP通信方式。

2）功能按钮

（1）通信测试：用于测试通信情况；

（2）工程下载：用于将工程下载到模拟运行环境，或下位机的运行环境中；

（3）启动运行：启动工程；

（4）停止运行：停止工程的运行；

（5）模拟运行：工程在模拟运行环境下运行；

（6）连机运行：工程在实际的下位机中运行；

（7）驱动日志：用于搜集驱动工作中的各种信息。

3）下载选项

（1）清除配方数据：重新下载时是否清除屏中原来工程的配方数据（包括计划曲线的配方数据）；

（2）清除历史记录：重新下载时是否清除屏中以前运行时的报警记录；

（3）支持工程上传：下载后是否可以上传现在正在下载的原工程至个人计算机。下载默认设置为选中第一项和第三项，且只有在下载时选中"支持工程上传"的工程才可从屏上传至个人计算机，如图1.2.12所示。

图 1.2.12　下载选项

4）操作步骤

（1）确定运行方式：单击"模拟运行"或"连机下载"按钮选择工程运行方式。

①当选择"模拟运行"时，连接方式、目标机名呈灰色显示，不能进行设置；

②当选择"连机下载"时，根据实际情况设置上位机、下位机的连接方式和目标机名。

（2）通讯测试：单击"通讯测试"按钮，测试通信情况。此步骤非必须执行步骤。

（3）工程下载：单击"工程下载"按钮，将工程下载到模拟运行环境或实际运行环境中。此步骤必须执行，否则将运行上次运行的工程。

（4）启动运行：启动工程运行。

（5）停止运行：停止工程运行。

（6）点击"确定"按钮，关闭"下载配置"对话框。

2. 上传功能

在组态环境下，选择"文件"菜单中的"上传工程"命令，弹出"上传工程"对话框，如图 1.2.13 所示。在该对话框中进行正确的设置，即可上传工程到个人计算机。

图 1.2.13　"上传工程"对话框

图中各选项含义如下：

（1）工程另存：设置工程上传到个人计算机的路径及文件名；

（2）连接方式：USB 通信或者 TCP/IP 方式，可根据屏的通信方式来选择；

（3）目标地址：设置连接方式为 TCP/IP 时需设置此项，此项为屏的 IP 地址。

设置好以上项目后单击"开始上传"按钮，当进度条满时，上传完成，如果上传时选中了"上传完成后自动打开工程"复选框，工程上传完成后会自动打开。

3. MCGS 嵌入版组态软件的运行

MCGS 嵌入版组态软件包括组态环境、运行环境、模拟运行环境三部分。文件 MCGS SetE. exe 对应于组态环境，文件 MCGSCE. exe 对应于运行环境，文件 CEEMU. exe 对应于模拟运行环境。其中，组态环境和模拟运行环境安装在上位机中；运行环境安装在下位机中。组态环境是用户组态工程的平台；模拟运行环境可以在个人计算机上模拟工程的运行情况，用户可以不必连接下位机便对工程进行检查。运行环境是下位机真正的运行环境。

当组态好一个工程后，可以在上位机的模拟运行环境中试运行，以检查是否符组态要求。也可以将工程下载到下位机中，在实际环境中运行。下载新工程到下位机时，如果新工程与旧工程不同，将不会删除磁盘中的存盘数据；如果是相同的工程，但同名组对象结构不同，则会删除该组对象的存盘数据。

1.2.5　认识嵌入式一体化触摸屏

TPC 是北京昆仑通态自动化软件科技有限公司自主生产的嵌入式一体化触摸屏系列的型号，TPC7062K 是 MCGSTPC 嵌入式一体化彩色触摸屏的一种型号，它是 MCGS 嵌入版组态软件的下位机运行环境。下面来了解一下 TPC7062K 的相关知识。

1. TPC7062K 的八大优势

高清：800×480 分辨率，体验精致、自然、通透的高清盛宴；

真彩：65 535 色数字真彩，丰富的图形库，享受顶级震撼画质；

可靠：抗干扰性能达到工业Ⅲ级标准，采用 LED 背光永不黑屏；

配置：ARM9 内核、400 MHz 主频、64 M 内存、64 M 存储空间；

软件：MCGS 全功能组态软件，支持 U 盘备份恢复，功能更强大；

环保：低功耗，整机功耗仅 6 W，发展绿色工业，倡导能源节约；

时尚：7 ″宽屏显示，超轻、超薄机身设计，引领简约时尚；

服务：立足中国，全方位、本土化服务，星级标准，用户至上。

2. TPC7062K 触摸屏的外观（图 1.2.14）

正视图　　　　　　　　　　　　　　　　背视图

图 1.2.14　TPC7062K 触摸屏的外观

3. TPC7062K 触摸屏的安装

1）外观尺寸（图 1.2.15）

（a）   （b）

图 1.2.15 TPC7062K 触摸屏的外观尺寸

（a）外形尺寸图；（b）安装开孔尺寸图

2）电源接线

接线步骤：

（1）将 24 V 电源线剥线后插入电源插头接线端子中，如图 1.2.16 所示；

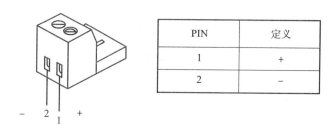

PIN	定义
1	+
2	−

图 1.2.16 电源插头示意及引脚定义

（2）使用"一"字螺丝刀将电源插头螺钉锁紧；

（3）将电源插头插入产品的电源插座。

建议：采用直径为 1.25 mm^2（AWG18）的电源线，仅限 24VDC 供电，建议电源的输出功率为 15 W。

3）TPC7062K 触摸屏的外部接口

（1）接口说明如图 1.2.17 所示。

（2）串口引脚定义如图 1.2.18 所示。

4）串口扩展设置：终端电阻

COM2 口 RS485 终端匹配电阻跳线设置说明如图 1.2.19 所示。

项目	TPC7062K
LAN（PJ45）	以太网接口
串口（DB9）	$1 \times RS232$，$1 \times RS485$
USB1	主口，USB1.1 兼容
USB2	从口，用于下载工程
电源接口	24 V DC $\pm 20\%$

图 1.2.17　接口说明

接口	PIN	引脚定义
COM1	2RS232	RXD
	3RS232	TXD
	5GND	
COM2	7	RS485 +
	8	RS485 −

图 1.2.18　串口引脚定义

跳线设置	终端匹配电阻
	无
	有

图 1.2.19　终端电阻及跳线说明

跳线设置步骤如下：

（1）关闭电源，取下产品后盖；

（2）根据需要使用的 RS485 终端匹配电阻的需求设置跳线开关；

（3）盖上后盖；

（4）开机后相应的设置生效。

默认设置：无匹配电阻模式。

建议：当 RS485 的通信距离大于 20 m，且出现通信干扰现象时，才考虑对终端匹配电阻进行设置。

4. TPC7062K 触摸屏的启动

使用 24 V 直流电源给触摸屏供电，开机启动后屏幕中出现"正在启动"提示进度条，此时不需要任何操作系统将自动进入工程运行界面，如图 1.2.20。

图 1.2.20　TPC7062K 触摸屏的启动

5. 产品维护

1）更换电池

电池位置：TPC 产品内部的电路板上；电池规格：CR2032 3 V 锂电池（图 1.2.21）。

图 1.2.21　更换电池

2）校准触摸屏

进入触摸屏校准程序，开机启动后屏幕出现"正在启动"提示进度条，此时使用触摸笔或手指轻点屏幕的任意位置，进入启动属性界面。等待 30 s，系统将自动运行触摸屏校准程序。

触摸屏校准时，使用触摸笔或以手指轻按"十"字光标中心点不放，当光标移动至下一点后抬起；重复该动作，直至提示"新的校准设置已测定"，轻点屏幕的任意位置退出校准程序。

3）TPC7062K 触摸屏与组态计算机连接（图 1.2.22）

图 1.2.22　TPC7062K 触摸屏与组态计算机连接

4）TPC7062K 触摸屏与 PLC 连接（图 1.2.23）

图 1.2.23　TPC7062K 触摸屏与西门子 S7 – 200 连接

1.2.6　思考与问题

（1）什么是 MCGS 嵌入版组态软件？

（2）MCGS 嵌入版组态软件与 MCGS 通用版组态软件有何异同？

（3）MCGS 嵌入版组态软件由哪几部分组成？

（4）MCGS 嵌入版组态软件对系统有哪些要求？

（5）MCGS 嵌入版组态软件如何上传和下载工程？

（6）TPC7062K 触摸屏的特点是什么？如何安装？

模块二

MCGS通用版组态软件应用

项目一　电厂供水系统的水泵运行监控系统设计

2.1.1　项目导入

1. 学习目标

（1）掌握 MCGS 组态工程的创建、保存方法；

（2）掌握实时数据库的定义步骤及分类；

（3）掌握绘图工具条的使用、绘图工具箱的功能及图形的排列方法；

（4）能完成水泵监控系统的组态工程画面编辑及动画变量连接；

（5）能利用 MCGS 组态软件实现对水泵运行的实时监控组态及调试。

2. 项目描述

某电厂水处理车间，利用机械搅拌加速澄清池设备，将澄清水由集水槽引出，送至清水箱。本项目主要采用启动与停止按钮，监控水泵的运行情况，当水泵运行时指示灯亮；当按下停止按钮时，水泵停止工作，停止指示灯点亮，运行指示灯熄灭。

2.1.2　项目资讯

1. 实时数据库

实时数据库（Real Time Data Base，RTDB）作为信息化的重要组成部分，在实时系统中起着极其重要的作用。实时数据库是实现企业智能集成制造系统的核心之一，是实现先进过程控制、全流程模拟和生产调度优化的基础。

实时数据库主要用于工厂过程的自动采集、存储和监视，实现保存、检索连续变化的生产数据，并行地处理成千上万的实时数据，并及时记录过程报警，同时根据需要，把有关信息以事件的方式发送给系统的其他部分，以便触发相关事件，进行实时处理。实时数据库采用面向对象的技术，为其他部分提供服务，实现了系统各功能部件的数据共享。

实时数据库是 MCGS 组态软件的核心。MCGS 将整个实时数据库作为一个对象封装起来，提供一系列的方法和属性，使外部程序通过这些方法和属性能对 MCGS 进行各种操作。当 MCGS 运行起来后，实时数据库的对象被暴露出来，通过对象链接和嵌入（OLE）操作取得实时数据库对象，从而做到直接操作 MCGS 的目的。

要建立一个合理的实时数据库，在建立实时数据库之前，首先应了解整个工程的系统构成和工艺流程，弄清被控对象的特征，明确主要的监控要求和技术要求，如刷新时间、存盘或报警等。对实际工程问题进行简化和抽象化处理，将代表工程特征的所有物理量作为系统参数加以定义并设定其属性。

数据对象是构成实时数据库的基本单元，建立数据对象的过程，实际就是构造实时数据库的过程，是按用户需求对数据对象的属性进行设置。

数据对象也称为数据变量，分为开关型、数值型、字符型、事件型、组对象和内部数据对象六种类型。其中，开关型、数值型、字符型、事件型、组对象是由用户定义的数据对象，内部数据对象则是由 MCGS 内部定义的。不同类型的数据对象，其属性不同，用途也不同。

（1）开关型：它主要是指那些具有开关特性的数字量。其数值只有两种形式："0"或"1"。其用来表征或控制如按钮、水泵、指示灯、传感器等的状态。

（2）数值型：它主要是指那些模拟量或数值量。它可以存储模拟量的现行参数，也可以存储运算的中间值或运算结果。

（3）字符型：它是用来存放文字信息的单元。其特征是由字符串组成，用来描述其他变量的特征。如在描述水泵的运行状态时，可用变化的说明性文字来表示，即水泵正常运行时，说明文字为"运行"，停止运行时，说明文字为"停止"，而水泵故障时，说明文字为"故障"等。可见，字符型变量"水泵状态"并不存在数值大小、开关状态、报警参数等定义，它的字符串长度最长可达 64 KB。

（4）事件型：它用来记录和标识某种事件产生或状态改变的时间信息，是系统实现自诊断和数据库管理的有力助手。事件的发生既可来自外部设备，也可以来自内部某种功能构件。例如，开关量的状态发生变化、有报警信息产生等事件的发生，都可精确记录系统在运行过程中所发生事件的具体时刻。事件型数据对象的值是由 19 个字符组成的定长字符串，用来保留当前最近一次事件产生的时间。年用 4 位数字表示，而月、日、时、分、秒分别用两位数字表示，数字之间用","分隔，如"2016，07，15，10，29，40"即表示该事件产生于 2016 年 7 月 15 日 10 时 29 分 40 秒。

（5）组对象：它是多个数据对象的集合，用来把多个数据对象集合在一起，作为整体来定义和处理。在处理组对象时，只需指定组对象的名称，就包括了对其所有成员的处理。组对象没有工程单位、最大值/最小值属性。

（6）内部数据对象：在 MCGS 系统内部，除了用户定义的数据对象外，还定义了一些供用户直接使用的数据对象，用于读取系统内部设定的参数，称为内部数据对象。MCGS 共定义了 13 个内部数据对象，其意义见表 2.1.1。

表 2.1.1　内部数据对象的名称、意义及类型

内部数据对象	意　　义	类型
$ Date	读取当前时间："日期"，字符串格式为"××××年××月××日"，年用 4 位数表示，月、日用 2 位数表示，如"2007 年 09 月 09 日"	字符型
$ Day	读取针算机系统内部的当前时间："日"（1～31）	数值型
$ Hour	读取计算机系统内部的当前时间："时"（0～23）	数值型
$ Minute	读取计算机系统内部的当前时间："分"（0～59）	数值型
$ Month	读取计算机系统内部的当前时间："月"（1～12）	数值型
$ PageNum	表示打印时的页号，当系统打印完一个用户窗口后，$ PageNum 的值自动加 1。用户可在用户窗口中用此数据对象来组态打印页的页码	数值型
$ RunTime	读取应用系统启动后所运行的秒数	数值型
$ Second	读取当前时间："秒数"（0～59）	数值型
$ Time	读取当前时间："时刻"，字符串格式为"时：分：秒"，时、分、秒均用 2 位数表示，如"20：12：39"	字符型
$ Timer	读取自午夜以来所经过的秒数	数值型
$ UserName	记录当前用户的名字。若没有用户登录或用户已退出登录，"$ UserName"为空字符串	字符型
$ Week	读取计算机系统内部的当前时间："星期"（1～7）	数值型
$ Year	读取计算机系统内部的当前时间："年"（1111～9999）	数值型

　　内部数据对象不同于用户定义的数据对象，它作为系统内部变量，只有值属性，没有工程单位、最大值、最小值和报警属性，并且可在用户窗口、脚本程序中自由使用，但其值是由系统生成的，用户不能修改。内部数据对象的名字都以符号"$"开头，如 $ Date，以区别于用户自定义的数据对象。

　　内部数据对象一般只具有只读属性，即可以读取其相关数值或字符，其数据为系统的内部设定值。在组态时可以调用这些数据对象的值，一般是在用户窗口中显示系统的设定值，如日期、时刻等，或者在脚本程序中应用语言将系统变量为某个用户变量赋值。在脚本程序中，需要用到系统变量并对其进行合理组合搭配时，可以通过赋值语句实现内部数据对象的调用。

　　2. 动画图形的制作

　　1）图形构件的建立

　　在用户窗口中，创建图形对象之前，需要从工具箱中选取需要的图形构件，以便进行图形对象的创建工作。MCGS 提供了两个绘图工具箱：一是放置图元和动画构件的绘图工具箱，二是常用图符工具箱，如图 2.1.1 所示。

（a）　　　　　　　　　　　（b）

图 2.1.1　工具箱及常用图符

（a）绘图工具箱；（b）常用图符工具箱

打开这两个工具箱的方法是：先打开需要编辑的用户窗口，再单击工具条中的 ⚒ 图标，即可打开绘图工具箱，在绘图工具箱中单击 🖼 按钮，即可打开常用图符工具箱。从这两个工具箱中可以选取所需的构件或图符，利用鼠标在用户窗口中拖曳出一定大小的图形，就创建了一个图形对象。

还可利用系统工具箱中提供的各种图元和图符来建立图形对象，通过组合排列的方式画出新的图形，方法是：全部选中待合成的图元后，执行"排列"菜单中的"构成图符"命令，即可构成新的图符；如果要修改新建的图符或者取消新图符的组合，执行"排列"菜单中的"分解图符"命令，可以把新建的图符分解成组成它的图元和图符。详细讲解参见本模块的项目三。

2）对象元件库管理

MCGS 中有一个图形库，称为"对象元件库"。对象元件库中已经把常用的、制作好的图形对象存入其中，需要时，再从元件库中取出直接使用。对象元件库中提供了多种类型的实物图形，包括的图形类型有"阀""刻度""泵""反应器""储藏罐""仪表""电气符号""模块""游标"等 20 余类，图形对象有几百种，用户可以按照需要任意选择。

从对象元件库中读取图形对象的操作方法是：单击工具箱中的图标，弹出"对象元件库管理"窗口，如图 2.1.2 所示，选中对象类型后，从相应的元件列表中选择所需的图形对象，单击"确认"按钮，即可将该图形对象放置在用户窗口中。

图 2.1.2　对象元件列表

　　也可在用户窗口中，利用绘图工具箱和图符工具箱自行设计所需的图形对象，再插入到对象元件库中。方法是：先选中所要插入的图形对象，再单击绘图工具箱的图标，把新建的图像对象加入到元件库的指定位置，还可以在"对象元件库"管理窗口中对新放置的图形对象进行修改名字、移动位置等操作。

　　3）标签构件的属性及动画连接

　　（1）标签构件的基本属性。

　　标签构件主要用于在用户窗口中显示一些说明文字，也可显示数据或字符。标签构件的属性包括静态属性和动画连接动态属性。静态属性是设置标签的填充颜色、字体颜色、边线的类型和颜色等。动画连接动态属性主要是设置标签构件在系统运行时的动画效果，其动画连接主要包括3种：颜色动画连接、位置动画连接和输入/输出动画连接。

　　所谓动画连接，实际上是将用户窗口内创建的图形对象与实时数据库中定义的数据对象建立起对应的关系，在不同的数值区间内设置不同的图形状态属性（如颜色、大小、位置移动、可见度、闪烁效果等），将物理对象的特征参数以动画图形的方式来进行描述。这样，在系统运行过程中，用数据对象的值来驱动图形对象的状态改变，进而产生形象逼真的动画效果。

　　在通常情况下，组态画面的动画效果依赖于用户窗口中的图形动画构件和实时数据库中的数据对象之间建立的某种关系。一个图元、图符对象可以同时定义多种动画连接，由图元、图符组合而成图形对象，最终的动画效果是多种动画连接方式的组合效果。根据实际需要，灵活地对图形对象定义动画连接，就可以呈现出各种逼真的动画效果。

　　（2）标签构件的动画连接。

　　①颜色动画连接：包括填充颜色、边线颜色、字符颜色。

　　三种动画连接的属性设置均类似，连接的数据对象可以是一个表达式，用表达式的值来决定图形对象的填充颜色。表达式的值为数值型时，最多可以定义 32 个分段点，每个分段点对应一种颜色；表达式的值为开关型时，只能定义两个分段点，即 0 或 1 两种填充颜色。

　　在"属性设置"标签页中，还可以进行以下操作：单击"增加"按钮，增加一个新的分段点；单击"删除"按钮，删除指定的分段点；双击分段点的值，可以设置分段点数值；

双击颜色栏，弹出色标列表框，可以设定图形对象的填充颜色。

②位置动画连接：水平移动、垂直移动、大小变化。

使图形对象的位置和大小随数据对象值的变化而变化。通过控制数据对象值的大小和值的变化速度，能精确地控制所对应图形对象的大小、位置及其变化速度。

三种动画连接的属性设置均类似，在动画组态属性设置的"大小变化"页中可以设置变化方向和变化方式。

③输入/输出连接：显示输出、按钮输入、按钮动作。

"显示输出"标签页如图2.1.3（a）所示，它只适用于"标签"图元，显示表达式的结果。对字符型输出值，直接把字符串显示出来，对开关型输出值，应分别指定开和关时所显示的内容。此外，还可以设置图元输出的对齐方式。

"按钮输入"标签页如图2.1.3（b）所示，它使图形对象具有输入功能，在系统运行时，当鼠标移动到该对象上面时，光标的形状由"箭头"形变成"手掌"形状，此时单击鼠标左键，则弹出输入对话框，对话框的形式由数据对象的类型决定。

按钮动作的方式不同于按钮输入，其属性设置标签页如图2.1.3（c）所示，设置方法可以参考标准按钮构件操作属性的设置方法。

（a）　　　　　　　　　　（b）　　　　　　　　　　（c）

图2.1.3　输入/输出连接属性设置窗口

（a）"显示输出"标签页；（b）"按钮输入"标签页；（c）"按钮动作"标签页

④特殊动画连接：可见度变化、闪烁效果。

特殊动画连接用于实现图元、图符对象的可见与不可见交替变换和图形闪烁效果，图形的可见度变化也是闪烁动画的一种。在MCGS中，对每个图元、图符对象都可以定义特殊动画连接的方式。其属性设置标签页如图2.1.4所示。

可见度的属性设置方法是：在"表达式"栏中，将图元、图符对象的可见度和数据对象构成的表达式建立连接，而在"当表达式非零时"选项栏中，根据表达式的结果来选择图形对象的可见度方式。

实现闪烁的动画效果有两种方法。一种是不断改变图元、图符对象的可见度来实现闪烁效果，另一种是不断改变图元、图符对象的填充颜色、边线颜色或者字符颜色来实现闪烁效果。图形对象的闪烁速度是可以调节的，MCGS给出了快速、中速和慢速三档闪烁速度来供调节。在系统运行状态下，当所连接的数据对象构成的表达式的值非零时，图形对象就以设定的速度开始闪烁，而当表达式的值为"0"时，图形对象就停止闪烁。

（a）　　　　　　　　　　　　　　（b）

图 2.1.4　特殊动画连接属性设置窗口

（a）可见度属性设置标签页；（b）闪烁效果属性设置标签页

4）标准按钮的属性

标准按钮是组态中经常使用的一种图形构件，其作用是在系统运行时通过单击用户窗口中的按钮进行一次操作。对应的按钮动作有：执行一个运行策略块、打开/关闭指定的用户窗口及执行特定脚本程序等。其属性设置包括基本属性、操作属性、脚本程序和可见度属性。

标准按钮可以通过其操作属性的设置同时指定几种功能，运行时，构件将逐一执行。它能执行完成的操作功能如下：

（1）执行运行策略块：只能指定用户所建立的用户策略，包括 MCGS 系统固有的三个策略块（启动策略块、循环策略块、退出策略块）在内的其他类型的策略不能被标准按钮构件调用。

（2）打开用户窗口和关闭用户窗口：可以设置打开或关闭一个指定的用户窗口。

（3）隐藏用户窗口：隐藏所选择的用户窗口界面，但是该窗口中的内容仍然执行。

（4）对数据对象的操作：一般用于对开关型对象的值进行取反、清 0、置 1 等操作。"按 1 松 0"操作表示鼠标在构件上按下不放时，对应数据对象的值为"1"，而松开时，对应数据对象的值为"0"；"按 0 松 1"操作则相反。

（5）退出系统：用于退出运行系统。

（6）快捷键：制定标准按钮构件所对应的键盘操作。

3. 图形对象的排列方法

在进行用户窗口的设计时，常常会根据需要对特定的图形或多个图形通过组合、分解或必要的排列、旋转等操作以形成生动的动画效果，这也是组态过程中一个必不可少的步骤。

MCGS 组态环境中专门设计了一个辅助图形对象编辑的"绘图编辑条"，在进行用户窗口设计时可以在"查看"下拉菜单中找到，此外，也可以在"排列"下拉菜单中找到所有与其对应的图形排列方法，如图 2.1.5 所示，其对应的功能见表 2.1.2。

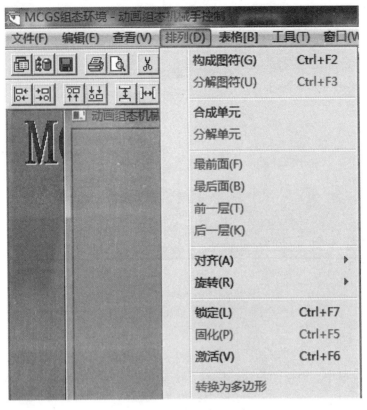

图 2.1.5 "排列"菜单

表 2.1.2 "排列"菜单功能介绍

菜单名	功能说明
构成图符	多个图元或图符构成新的图符
分解图符	把图符分解成单个的图元
合成单元	多个单元合成一个新的单元
分解单元	把一个合成单元分解成多个单元
最前面	把指定的图形对象移到最前面
最后面	把指定的图形对象移到最后面
前一层	把指定的图形对象前移一层
后一层	把指定的图形对象后移一层

菜单名		功能说明
对齐	左对齐	多个图形对象和当前对象左边对齐
	右对齐	多个图形对象和当前对象右边对齐
	上对齐	多个图形对象和当前对象上边对齐
	下对齐	多个图形对象和当前对象下边对齐
	纵向等间距	多个图形对象纵向等间距分布
	横向等间距	多个图形对象横向等间距分布
	等高宽	多个图形对象和当前对象高宽相等
	等高	多个图形对象和当前对象高度相等
	等宽	多个图形对象和当前对象宽度相等
	窗口对中	多个图形对象和当前对象中心对齐
	纵向对中	多个图形对象和当前对象纵向对齐
	横向对中	多个图形对象和当前对象横向对齐
旋转	左旋90度	当前对象左旋90度
	右旋90度	当前对象右旋90度
	左右镜像	当前对象左右镜像
	上下镜像	当前对象上下镜像
锁定		锁定制定的图形对象
固化		固化制定的图形对象
激活		激活所有固化的图形对象
装换为多边形		转换为多边形

1）多个图形对象的组合、分解

组合图形对象即把多个图形对象按照需要组合成一个组合图符，以便形成一个比较复杂的、可以按比例缩放的图形元素，分解图形对象与组合图形对象正好相反，可以把一个复杂的图形分解成若干个图符。这两种方法在用户窗口组态时经常使用。

"构成图符"用于把选定的多个图元或图符组合成新的图符。在新图符中，各个图元、图符的位置关系及大小比例将保持不变。此命令适用于把由基本图元搭成的复杂图形定制成一个单独的图符，以便于设计者使用移动、拷贝、删除等操作命令。而对于由多个图元、图符组合成的图符，可以使用"分解图符"命令，将其分解，复原为原来的单个图形对象。此命令只适用于图元、图符对象，不适用于动画构件对象，执行此命令之前，需要先选定一组图元、图符对象，否则此命令无效。

　　使用此命令时应注意其与"合成单元"命令的区别，单元可以由图元、图符对象、动画构件对象组合而成，图符只能由基本图元组成。"合成单元"是把用户窗口中的多个对象合成一个单元，组成单元的每个对象仍保持原有动画属性不变。

　　2）多个图形对象的对齐和旋转方法

　　当在用户窗口中绘制了多个图形对象后，可以把当前对象作为基准，对被选中的多个图形对象进行相对位置和大小的关系调整，包括排列对齐，中心点以及等高、等宽等一系列操作，同时可以对图形对象进行左、右 90 度和上、下镜像的旋转，以获得必要的图形效果。

　　3）多个图形对象的叠加用法

　　在上面提到的多个图形对象进行组合构成图符的过程中，还要考虑多个对象的叠加。MCGS 对图形叠放层次提供了 4 种选择：前一层、后一层、最前面和最后面。这 4 种叠放层次可以把多个图形根据需要进行叠加，形成一个新的图元，以符合系统需要。

　　4）图形构件的锁定、固化和激活方法

　　当图形对象设计完毕后，可以锁定对象的位置和大小，使用户在设计时没有解锁即不能对其进行修改，以避免编辑时因误操作而破坏组态完好的图形。图形被锁定后仍然可以激活，并可以改变它的颜色和动画等属性。如果当前对象处于被锁定状态，执行"锁定"命令，则解除对象的锁定状态。固化对象的含义是，当图形对象被固化后用户就不能选中它，也不能对其进行各种编辑工作。在组态过程中，一般把作为背景用途的图形对象加以固化，以免影响其他图形对象的编辑工作。激活的作用与固化正好相反，可以对固化过的图形对象激活后进行编辑。

2.1.3　项目分析

　　根据控制要求，初步设计的水泵运行监控系统工程参考画面如图 2.1.6 所示，画面中设计了 1 个水箱、1 台水泵、2 个按钮，2 个指示灯等。

图 2.1.6　水泵运行监控系统参考画面

1. 工程框架分析

（1）需要一个用户窗口及实时数据库。

（2）需要一个循环策略。

（3）循环策略中使用脚本程序构件。

2. 图形制作分析（表2.1.3）

表2.1.3 用户窗口中图形元件的实现方法

用户窗口	图形中的元件	实现方法
电厂供水系统的水泵运行监控系统设计	水泵	由对象元件库引入
	水箱	由对象元件库引入
	文字	标签构件
	按钮	由工具箱添加
	指示灯	由对象元件库引入
	澄清池	由工具箱添加

2.1.4 项目实施

1. 工程建立

双击桌面上的"MCGS组态环境"快捷图标，即可进入通用版的组态环境界面。选择"文件"→"新建工程"菜单命令，如果MCGS安装在D盘根目录下，会在"D:\MCGS\Work\"下自动生成新工程文件，默认工程名为"新建工程X. MCG"（X为新建工程的序号，如0，1，2，…），将工程名改为"水泵运行监视控制"，单击"保存"按钮，则工程保存在默认路径下（D:\MCGS\Work\水泵运行监视控制），如图2.1.7所示。

图2.1.7 新建工程并保存

注意：保存MCGS工程时，工程文件名及保存路径中不能出现空格，否则无法运行，所以工程不能保存到桌面上。

2. 定义数据对象

1）初步确定系统数据对象

结合水泵监控系统的分析与要求，其定义数据对象见表 2.1.4。

表 2.1.4　水泵监控系统数据变量表

数据变量名称	类　型	注　　释
启动	开关型	水泵启动控制信号，1 有效，0 无效
停止	开关型	水泵停止控制信号，1 有效，0 无效
X	数值型	水泵内的扇片
水泵	开关型	水泵状态信号
水位	数值型	模拟水箱的水位变化

2）定义实时数据库中的数据对象

数据对象的定义包括在实时数据库中添加数据对象和数据对象属性设置两项内容。

（1）添加数据对象。

①单击"动画组态工具条"中的"工作台"按钮 ▥ ，打开"工作台"窗口，如图 2.1.8 所示。

图 2.1.8　组态软件"工作台"窗口

②打开"工作台"窗口的"实时数据库"选项卡，如图 2.1.9 所示。数据库中列出了

系统已有的数据对象,这些是系统内部建立的数据对象。

图 2.1.9 "实时数据库"选项卡

③单击选项卡右侧的"新增对象"按钮,在数据对象列表中即可增加多个新的数据对象,如图 2.1.10 所示。

图 2.1.10 新增数据对象

(2) 数据对象的属性设置。

在建好的实时数据库中选中相应的数据对象,通过单击右侧选项卡的"对象属性"按钮或直接双击该数据对象均可打开"数据对象属性设置"对话框进行设置。

水泵监控系统的数据对象均为开关型,见表2.1.4。

①"启动"按钮变量的属性设置。双击"实时数据库"选项卡中的新增数据对象"Data1",在弹出的"数据对象属性设置"对话框中,将"对象名称"更改为"启动",将"对象初值"设为"0",在"对象类型"选项中选中"开关"单选按钮,在"对象内容注释"文本框中输入说明性文字,由用户自行添加,如图2.1.11 (a) 所示。

②"停止"按钮变量的属性设置。双击"实时数据库"选项卡中的新增数据对象"Data2",弹出"数据对象属性设置"对话框,具体设置如图 2.1.11 (b) 所示。"水泵"变量定义相同。

图 2.1.11　开关型数据库变量基本属性设置
（a）"启动"变量的属性设置；（b）"停止"变量的属性设置

③"水位""X"变量的属性设置同"启动""停止"变量的属性设置过程类似,在"对象名称"中输入"水位""X",对象类型选择"数值",如图 2.1.12 所示。

图 2.1.12　"数值型"数据变量的属性设置

所有相关数据对象的属性设置完毕后,单击工具栏的"保存"按钮进行存盘操作。本系统实时数据库的建立如图 2.1.13 所示。

2. 监控画面制作

工程画面需要在用户窗口中编辑。用户窗口可以用来放置图符、图元和动画构件等各种图形对象,通过对用户窗口内多个图形对象的组态,可以实现动画效果。

图 2.1.13　水泵监控系统实时数据库中的数据对象

1）建立用户窗口

（1）双击进入 MCGS 组态环境后，单击"用户窗口"标签，单击右侧的"新建窗口"按钮，即可创建一个名为"窗口 0"的用户窗口，如图 2.1.14 所示。

图 2.1.14　新建用户窗口

（2）选中"窗口 0"图标，单击右侧的"窗口属性"按钮，弹出"用户窗口属性设置"对话框，在"基本属性"选项卡中，将"窗口名称"更改为"水泵运行控制"；"窗口背景"可根据用户需要更改窗口的背景颜色；"窗口位置"选中"最大化显示"单选按钮，其他属性设置不变，如图 2.1.15 所示，单击"确认"按钮。

（3）在"工作台"的"用户窗口"选项卡中，选中"水泵运行控制"窗口图标并单击鼠标右键，选择"设置为启动窗口"命令，这样再进入 MCGS 运行环境时，将自动加载该窗口，如图 2.1.16 所示。

图 2.1.15 "用户窗口属性设置"对话框

图 2.1.16 设置启动窗口

2）编辑工程画面

MCGS 在用户窗口的动画组态界面中，提供了常用的绘图工具箱，如各种图元、图符、组合图形及位图图符等，和"绘图编辑条"，如对其方式、叠放顺序、宽窄设置、图符进行构成与分解等。

（1）文字标签的制作。

①双击"水泵运行控制"图标或打开工作台的"用户窗口"选项卡，选中"水泵运行控制"图标，单击右侧的"动画组态"按钮，均可进入其"动画组态水泵运行控制"窗口，进行画面编辑。

②单击工具条中的"工具箱"按钮 ，打开绘图工具箱，如图 2.1.17 所示。单击"工具箱"中的"标签"按钮 **A**，在窗口中会出现"十"字光标，将光标移动到合适的

位置，并拖曳一定大小的矩形框，松开鼠标，在文本框内输入文字"电厂供水系统的水泵运行监控系统设计"即可，如图2.1.18所示。

图2.1.17 工具箱

图2.1.18 输入文字标签

（2）文字的编辑与修改。

①单击文本框，文本框边线会出现控制块，此时可以进行文字的编辑，如图2.1.19所示。

图2.1.19 工程画面编辑环境及文字编辑

②在文本框编辑的状态下单击鼠标右键，在快捷菜单中选择"改字符"命令，即可对文字内容进行修改。单击工具条中的按钮，可以对文本框中文字的颜色、字体、大小、文本框的边线线型及文字的位置进行设置，如按钮 为"字符色"、按钮 为"字符字体"、按钮 为"线型"、按钮 为"对齐"，如图2.1.20所示。

47

③用鼠标左键双击文本框，弹出"动画组态属性设置"对话框，可对文本框的填充颜色和边线颜色进行设置，也可以在文本框的编辑状态下，单击工具条中的按钮

图 2.1.20　编辑文字的快捷工具

（为"填充色"）和按钮 （为"线色"）进行设置。标题文本标签设置如图 2.1.21 所示。

图 2.1.21　文本标签的"动画组态属性设置"对话框

（3）水泵的绘制。

在 MCGS 中，为方便用户编辑画面时使用各种图元和图符对象，库中提供了"对象元件库"管理。用户还可以把组态完好的图元和动画构件对象、图符对象以及整个用户窗口存入对象元件库中，以便需要时使用。

①单击绘图工具箱中的"插入元件"按钮 ，弹出"对象元件库管理"对话框。

②在对话框左侧的"对象元件列表"中双击"泵"选项，如图 2.1.22（a）所示。在右侧列表中单击"泵"图符，单击"确定"按钮，此时在水泵运行控制动画组态窗口中出现"水泵"图形。单击水泵图形可调整位置和大小，如图 2.1.22（b）所示。

（a）

（b）

图 2.1.22　水泵构件基本属性设置

（a）"对象元件库管理"对话框；（b）动画组态窗口中的水泵

（4）按钮的绘制。

在水泵运行系统中，需要"启动"和"停止"按钮分别控制水泵的启动运行和停止。

①单击绘图工具箱中的　□　按钮，在窗口中出现"十"字光标，按鼠标左键并拖动矩形，即可出现一定大小的按钮图符。

②设置按钮的基本属性。双击按钮图符，弹出"标准按钮构件属性设置"对话框，如图2.1.23所示。在"基本属性"选项卡中，将"按钮标题"改为"启动"；在"按钮类型"中选中"标准3D按钮"；在"水平对齐"中选择"中对齐"；标题颜色及字体可自行设置，单击"确认"按钮。

"停止"按钮的绘制使用上述同样的方法，也可采用复制"启动"按钮的方法，选择"粘贴"→"修改"按钮即可。

图2.1.23　"标准按钮构件属性设置"对话框

（5）指示灯的绘制。

系统中需要"启动"和"停止"两种状态的指示灯。

单击绘图工具箱中的"　🖳　"按钮，弹出"对象元件库管理"对话框，在列表中，双击"指示灯"选项，然后在后侧的列表中选择"指示灯2"到动画组态窗口中，单击鼠标右键拷贝并粘贴同一指示灯，同时选中两个灯，用鼠标右键选择"排列"→"对齐"→"图元等高宽"，并将两个指示灯放置在合适的位置。

（6）管路的绘制。

单击工具箱中的流动块图标　▐▭　，在用户窗口中需要绘制管道的起始位置单击鼠标，然后在管道弯道处再单击鼠标，即可绘制一段直管道，按照此方法继续单击鼠标，直到整条管道绘制完毕，按下键盘上的Esc键，或者在管道的终点处双击鼠标，退出管道的编辑。双击绘制好的管道，进入"流动块构件属性设置"窗口，如图2.1.24所示，对流动块的"流动外观""流动方向""流动速度"等进行编辑。

图 2.1.24　"流动块构件属性设置"对话框

（6）澄清池的绘制。

澄清池在对象元件库中和工具箱中均找不到一样的构件，因此需要通过绘图工具自行绘制。单击工具条中的"常用符号"图标 ，打开常用图符工具箱，里面提供了绘图中常用的图形符号。澄清池需要 3 个不同大小的矩形框。对于矩形框，可以在工具箱中单击"矩形"图标 ，然后在用户窗口中的空白处绘制 3 个大小合适的矩形框，双击最大的矩形框，设置其"填充颜色"为"无填充颜色"，设置其"边线颜色"为"褐色"，其余设置不变，然后单击"动画工具条"中的"置于最后一层"图标 ，将最大的矩形框排列在几个矩形框的最后一层，然后在"常用图符"工具条中选择 图标，在矩形框下方的合适位置绘制；在"对象元件库"中选择"搅拌器 4"。

选中全部绘制好的图符，单击鼠标右键，选择"排列"→"合成单元"。选中新图符，单击工具箱中的"保存元件"图标 ，将新图符保存在"对象元件库"中，在以后的组态过程中就可以直接选用了。如图 2.1.25 所示，单击对象元件列表最下方的"改名"按钮，将"新图形"改成"澄清池"，单击"确定"按钮，完成新图形的添加。

3. 界面的组态设计

为了使画面具有动画效果，从而模拟真实的外界对象的状态变化，达到实时监控的目的，在 MCGS 中，动画组态设计是将用户窗口中的图形对象与实时数据库中的数据对象建立相关性连接，并设置监控界面的组态设计。

1）按钮的组态连接

（1）"启动"按钮的连接。

①在水泵运行控制动画组态窗口中，双击"启动"按钮图标，弹出"标准按钮构件属性设置"对话框。单击"操作属性"标签，选中"数据对象值操作"复选框，并在右侧下

拉列表框中单击下拉按钮 ▼ ，选择"按1松0"选项，如图2.1.26所示。

图2.1.25 在"对象元件库"中添加新图形

图2.1.26 "启动"按钮操作属性设置

②单击右侧文本框的"？"按钮，在实时数据库中双击"启动"变量，单击"确认"按钮退出。

（2）"停止"按钮的连接。

使用同样的方法设置"停止"按钮连接，选中"数据对象值操作"复选框，并在右侧下拉列表框中单击下拉按钮 ▼ ，选择"按1松0"选项。单击右侧文本框的"？"按钮，在实时数据库中双击"停止"变量，单击"确认"按钮完成设置，如图2.1.27所示。

这样，画面中的"启动"与"停止"按钮分别与实时数据库中的"启动"与"停止"变量建立了关系。

2）指示灯的组态连接

（1）启动指示灯的连接。

①双击启动"指示灯"图符，弹出"单元属性设置"对话框。

②单击"动画连接"标签，打开"动画连接"选项卡，如图2.1.28所示。

图 2.1.27　"停止"按钮操作属性设置

图 2.1.28　启动指示灯"动画连接"选项卡

③单击选项卡中的第一个图元名"三维圆球",其右侧出现"?"和">"扩展按钮。

④单击">"扩展按钮,弹出"动画组态属性设置"对话框,单击并打开"可见度"标签与选项卡。

⑤单击表达式文本框右侧的"?"按钮,弹出"实时数据库"对话框,选择"启动"变量;选中单选按钮"对应图符可见",单击"确认"按钮,返回到"动画连接"选项卡,如图 2.1.29 所示。

⑥单击选项卡中的第二个图元名"三维圆球",单击">"扩展按钮,在"表达式"中选择数据对象为"启动";选中单选按钮"对应图符不可见",单击"确认"按钮并返回到"动画连接"选项卡,再次单击"确认"按钮,启动指示灯组态连接完成,如图 2.1.30 所示。单击工具条中的"保存"按钮,对设置结果进行阶段性保存。

图 2.1.29 "可见度"选项卡

图 2.1.30 启动指示灯组态连接结果

（2）停止指示灯的连接。

动画连接方法与启动指示灯的连接方法相似，在"表达式"中选择数据对象为"停止"。

3）水泵的组态连接

其主要采用不同颜色来表示水泵运行和停止的两种状态。

（1）双击"水泵"图符，弹出"单元属性设置"对话框，打开"动画连接"选项卡，单击第一行图元名"椭圆"，其右侧出现"?"和"＞"扩展按钮，如图 2.1.31 所示。

图 2.1.31 水泵单元属性设置

（2）单击"＞"扩展按钮，打开"填充颜色"选项卡，单击"表达式"文本框右侧的"?"按钮，弹出"实时数据库"对话框，双击"水泵"变量，此时实现了"水泵"图符与"水泵"变量的连接，如图 2.1.32 所示。

图 2.1.32　填充颜色属性设置

（3）在"填充颜色"选项卡中，系统已设置好填充颜色的"分段点"和"对应颜色"，用户可自行调整各分段点的颜色。在图 2.1.32 所示的界面中，将分段点 0 设置为绿色，即当"水泵"变量值为"0"时，水泵显示绿色，表示停止状态；将分段点 1 设置为蓝色，即当"水泵"变量值为"1"时，水泵显示蓝色，表示启动运行状态。完成后，单击"确认"按钮退出。

4）拓展思维

若使水泵叶片动态旋转显示，该如何设置呢？这就要用到组态的运行策略中的脚本程序构件了，下面只给出简单的操作方法，对于脚本程序以及运行策略的知识将在下一个项目中详细介绍。

（1）水泵内扇片的连接。

①启动时扇片的旋转。

为了让水泵内的扇片在旋转时出现连续的效果，先将水泵分解单元后，分别双击其中一对扇片，在弹出的"动画组态属性设置"对话框中，在"特殊动画连接"中选择"可见度"。单击"可见度"标签，"表达式"为"X = 1"；在"当表达式非零时"中选"对应图符可见"。

用同样的方法设置另外一对扇片，不同的是在"可见度"标签内，"表达式"为"X = 2"。设置完毕后，将 4 个扇片合成单元。

②停止时水泵内出现扇片效果。

将合成后的扇片用"复制"→"粘贴"命令放到界面后，利用分解单元，分别对 4 个扇片设置"表达式"为"X = 0"，在将 4 个扇片进行合成单元后，放置在原水泵内扇片之上即可。

（2）添加脚本程序策略行。

①在"工作台"窗口单击"运行策略"标签，打开"运行策略"选项卡，双击"循环策略"选项，进入循环策略的"策略组态"窗口中，单击 🖥️🔗 图标，打开循环策略属

性设置窗口，将循环时间改为"50 ms"，单击鼠标右键，选择"新增策略行"命令。

②单击策略行末端的方块，使其变成蓝色，表示被选中，然后在策略工具箱中双击"脚本程序"选项，脚本程序被添加到策略行上，如图2.1.33所示。双击策略行末端的"脚本程序"，即可打开程序编辑环境。如果需要增加新策略行，可使用同样的方法操作。

按照设定的时间循环运行　　　　　　　　　　　　　　　　　脚本程序

图2.1.33　添加脚本程序策略

（3）编辑脚本程序。

```
IF 启动 = 1 THEN
    水泵 = 1
ENDIF
IF 停止 = 1 THEN
    水泵 = 0
    水位 = 0
ENDIF
IF 水泵 = 1 AND 水位 < 100 THEN
    水位 = 水位 + 1
else
    水位 = 0
ENDIF


IF 水泵 = 1 THEN
    IF X > = 0 and X < 3 THEN
        X = X + 1
    else
        X = 1
    ENDIF
ENDIF
IF 水泵 = 0 THEN
    X = 0
ENDIF
```

编辑完成后，单击右下角的"确定"按钮即可保存操作。

4. 监控系统的整体调试

保存操作后，再按下F5键，进入组态运行环境观察水泵的状态。单击组态运行环境中的"启动"按钮，观察水泵是否启动运行、指示灯是否有指示、"泵体"颜色是否变化。单击"停止"按钮，观察水泵是否停止运行。

在运行环境中，单击画面中的两个按钮，观察水泵运行时"泵体"变为蓝色，表示水泵在运行，同时水箱内液位上升。与其相对应的指示灯的状态也在变化。若通过调试观察到水泵根本不转，这是什么原因呢？

结合脚本程序修改指示灯的动画连接：分别双击两个"指示灯"图符，将表达式由"启动"改为"水泵＝1"；将表达式由原来的"停止"改为"水泵＝0"。

若结果不符，主要检查水泵设置及脚本程序，分析原因，修改后继续运行，直到结果正确为止。

2.1.5 项目总结与评价

本项目以电厂水泵运行监控组态工程为例，详细描述了组态工程的制作与调试过程。内容涉及新建工程、定义数据对象、制作工程画面、动画连接、循环策略组态、整体调试等关键环节，并将理论知识点融入其中。通过本工程项目的学习与制作，希望读者能熟练掌握组态工程设计、制作的方法与技巧。电厂水泵运行监控系统项目自我评价见表2.1.5。

表 2.1.5 电厂水泵运行监控系统项目自我评价

评价内容	评价标准	分值	得分	有待提高部分
数据库变量的建立	变量的数据类型正确，不缺项	20 分		
组态界面的制作	画面美观，不缺项	20 分		
界面动画连接	动画效果正确显示	30 分		
控制程序设计	构件策略使用正确，运行动态效果正确	10 分		
项目整体调试	整体运行效果符合要求	20 分		
项目收获				

2.1.6 问题与思考

（1）如何创建和保存工程？
（2）如何修改组态窗口的背景颜色？
（3）用户如何插入组态完好的图符对象、动画构件对象？
（4）如何设置组态画面中按钮对灯的各种控制？
（5）如何创建新图符，并将其添加到图形对象元件库中？
（6）如何进入运行环境，并熟悉调试的方法和步骤？

实践项目 2.1 车库自动监控系统

1. 控制要求

利用 MCGS 完成自动车库的监控系统，实现以下功能：

（1）车到门前，车灯亮 3 次。

（2）车位传感器接收到 3 个车灯的亮、灭信号后，车库门自动上卷，动作指示灯亮。

（3）门上行碰到上限位开关，门全部打开，此时停止上行。

（4）车进入车库，车位传感器检测到车停到车位，门自动下行，动作指示灯亮。

（5）门下行碰到下限位开关，门全部关闭，此时停止下行。

（6）车库内和车库外还设有手动控制开关，可以控制门的开、关和停止。

2. 参考画面（图 2.1.34）

图 2.1.34　车库自动监控系统

项目二　模拟供电系统监控设计

2.2.1　项目导入

1. 学习目标

（1）熟悉供电系统的工艺流程及功能；

（2）熟练使用 MCGS 组态软件绘制供电系统监控画面；

（3）熟练掌握运行策略脚本程序的使用；

（4）掌握供电系统的组态与调试方法。

2. 项目描述

变电站是联系发电厂和用户的中间环节，起着变换和分配电能的作用。供电的中断将使生产停顿，生活混乱，甚至危及人身和设备的安全，产生十分严重的后果。停电给国民经济造成的损失远远超过电力系统本身的损失。因此，电力系统运行首先要满足可靠、持续供电的要求。

本项目来源于 110 kV 变电站的设计，其主接线图如图 2.2.1 所示；本项目选取 10 kV

的供电线路的监控设计。

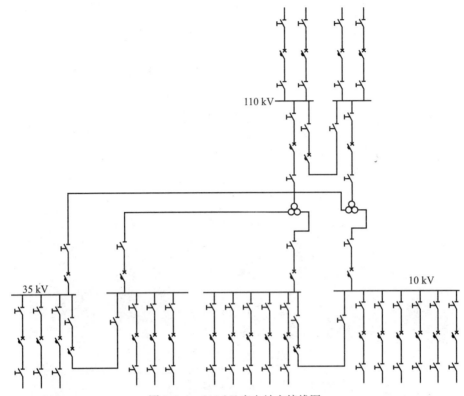

图 2.2.1　110 kV 变电站主接线图

本项目采用备用电源自动投入装置。备用电源自动投入装置是指当工作电源因故障被断开以后，能迅速自动地将备用电源投入或将用电设备自动切换到备用电源上去，以使用户不至于停电的一种自动装置，简称"备自投"。变电所内有两台主变压器，正常运行时为两台变压器分裂运行，其备用方式为互为备用的"暗备用"，这大大提高了供电系统的可靠性。

本项目是设计 10 kV 供电系统的模拟监控，控制要求如下：

在计算机中显示供电系统的工作状态；要求能够查阅供电监控系统的相关资料；根据控制要求制定控制方案，利用 MCGS 进行监控画面的制作和程序的编写、调试，实现供电系统的模拟自动监控。参考画面如图 2.2.2 所示。

1）初始状态

（1）2 套电源均正常运行，状态检测信号 G1、G2 都为"1"。

（2）供电控制开关 QF1、QF2、QF4、QF5、QF7 都为"1"，处于合闸状态；QF3、QF6 都为"0"，处于断开状态。

（3）变压器故障信号 T1、T2 和供电线路短路信号 K1、K2 都为 0。

2）控制要求

（1）在正常情况下，系统保持初始状态，2 套电源分列运行。

（2）若电源 G1、G2 有 1 个掉电（=0），则 QF1 或 QF2 跳闸，QF3 闭合。

（3）若变压器 T1、T2 有 1 个故障（=1），则 QF1 和 QF4 跳闸或 QF2 和 QF5 跳闸，QF6 闭合。

图 2.2.2　供电系统监控参考画面

（4）若 K1 短路（=1），QF7 立即跳闸（速断保护）；若 K2 短路（=1），QF7 经 2 s 延时跳闸（过流保护）。

（5）若 G1、G2 同时掉电或 T1、T2 同时故障，QF1～QF7 全部跳闸。

2.2.2　项目资讯

1. 运行策略

运行策略是指对监控系统运行流程进行控制的方法和条件，能够对系统执行某项操作和实现某种功能而进行的有条件的约束。运行策略由多个复杂的功能模块组成，称为"策略块"，用来完成对系统运行流程的自由控制，使系统能按照设定的顺序和条件操作实时数据库，控制用户窗口的打开、关闭，以及控制设备构件的工作状态等，从而实现对系统工作过程的精确控制及有序的调度管理。

所谓"运行策略"，是用户为实现系统流程的自由控制，组态生成的一系列功能块的总称。在对一个实际的控制系统进行组态时，不仅要实现对系统中实时数据库和设备的组态，还要实现系统运行流程和控制策略的组态。MCGS 提供了一个进行运行策略组态的功能模块。对实际的控制系统来说，其必然是一个复杂的系统，监控系统往往被设计成多分支、多层循环嵌套式结构，按照预定的条件，对系统的运行流程及设备的运行状态进行有针对性的选择和精确的控制。

在利用 MCGS 进行控制系统的组态过程中，要根据系统的具体控制要求完成其策略的组态。在考虑一个工程中相关的控制策略时，尤其对于特别复杂的应用工程，只需定制若干能完成特定功能的构件，将其增加到 MCGS 系统中，就可使已有的监控系统增加各种灵活的控制功能，而无须对整个系统进行修改。

1）运行策略的分类与建立

在 MCGS 中，策略类型共有 7 种，即启动策略、退出策略、循环策略、用户策略、报警策略、事件策略、热键策略。在 MCGS 的工作台上，进入运行策略组态窗口后，单击"新建策略"按钮，将出现图 2.2.3 所示的提示窗口，从中选择需要建立的策略类型后，单击"确定"按钮，即可建立需要的运行策略。其中，启动策略和退出策略在用户建立工程时会自动产生，用户可根据需要对其进行组态，而不能通过新建策略来建立。

图 2.2.3 新建策略的策略类型

启动策略主要用来实现系统的初始化，退出策略完成系统在退出时的善后处理工作，循环策略主要完成系统的流程控制和控制算法，用户策略用来完成用户自定义的各种功能或任务，报警策略实现数据的报警存盘，事件策略实现事件的响应，"热键策略"实现热键的响应。

完成新建策略后即可进行运行策略的组态，其组态的基本方法是：在 MCGS 工作台的运行策略组态窗口中，双击选中的策略，或选中策略后单击"策略组态"按钮，进入策略组态窗口，如图 2.2.4 所示。

图 2.2.4 运行策略组态窗口

在策略组态窗口通过单击鼠标右键新增一个策略行，每个策略行中都有一个条件部分，构成"条件－功能"结构，每种策略可由多个策略行构成，是运行策略用来控制运行流程的主要部件，如图2.2.5所示。可以根据具体的运行策略的运行条件设定该表达式条件的属性。

图 2.2.5　策略行"条件－功能"结构

以较常用的策略构件"脚本程序"构件为例：单击策略工具箱中的"脚本程序"，把鼠标移出策略工具箱，会出现一个小手，把小手放在功能部分的图标上，单击鼠标左键，则显示图2.2.6所示的策略行。双击图标，即可进入脚本程序编辑环境进行关于系统流程和控制算法的编程。添加定时器构件采用一样的操作方法。

图 2.2.6　插入"脚本程序"和"定时器"构件的策略行

设置策略行的运行条件可以双击策略行上的图标，进入条件属性设置窗口，如图2.2.7所示，可以根据具体的运行条件设定表达式及其条件属性。

图 2.2.7　"策略行条件属性"选项卡

在进行控制系统的策略组态时，用户可以根据需要把灵活的控制和计算任务或控制算法通过脚本程序来实现。MCGS的脚本程序是组态软件中的一种内置编程语言引擎，在组态时可以把脚本程序作为一个策略构件加入到一个策略行中去。

一个实际系统有三个固定的运行策略，即启动策略、循环策略和退出策略。系统允许用户创建或定义最多512个用户策略。启动策略在应用系统开始运行时调用，退出策略在应用系统退出运行时调用，循环策略由系统在运行过程中定时循环调用，"用户策略"供系统中的其他部件调用。

每个运行策略都包括若干策略行，用来实现该策略的控制流程和相应的功能，每个策略行都可以添加不同的策略构件。MCGS共提供了17种策略构件：退出策略、音响输出、策略调用、数据对象、设备操作、脚本程序、定时器、计数器、窗口操作、Excel报表输出、配方操作处理、存盘数据浏览、存盘数据提取、存盘数据拷贝、报警信息浏览、设置时间范围、修改数据库。这些策略构件的调用方法与脚本程序构件相同，MCGS策略工具箱如图2.2.8所示。这些策略构件连同策略组态的结合使用，使系统组态具有很高的灵活性，可以实现复杂的控制策略。每个策略构件的功能由于篇幅的原因在此不一一介绍，读者可以参见MCGS的帮助文件，对其中的一些常见构件的用法将会在后面的章节中介绍。

2）启动策略实现系统初始化

启动策略一般完成系统初始化功能，只在MCGS运行开始时自动调用执行一次。启动策略的属性设置对话框如图2.2.9所示。由于系统的启动策略只能有一个，所以策略名称是不能更改的，可以在"策略内容注释"栏中添加策略内容的相关注释，如该启动策略所要完成的任务。

图2.2.8　MCGS策略工具箱　　　　　　图2.2.9　启动策略的属性设置对话框

3）循环策略实现设备的定时运行

在MCGS的运行过程中，循环策略由系统按照设定的循环周期自动循环调用，循环体内所需执行的操作和任务由用户设置。

循环策略为系统固有策略。在一个应用系统中，用户可以定义多个循环策略，一个系统中至少应该有一个循环策略。循环策略的属性设置对话框如图2.2.10所示。

图2.2.10　循环策略的属性设置对话框

在该对话框中可以更改循环策略的名称，可以更改策略执行方式（"定时循环执行：单位为ms"或"在指定的固定时刻执行"），还可以添加策略内容的相关注释。

定时器策略构件主要完成关于流程控制的任务。本构件的功能是：当计时条件满足时，定时器开始启动，当到达设定的时间时，计时状态满足一次。定时器构件通常用于循环策略块的策略行中，作为循环执行功能构件的定时启动条件。定时器构件一般应用于需要进行时间控制的功能部件。

4）报警策略事先报警数据存盘

当对应的数据对象的某种报警状态产生时，报警策略系统自动调用一次。报警策略的属性设置对话框如图2.2.11所示，从中可以更改报警策略的名称，可以建立与实时数据库对象的连接，还可以选择对应的报警状态。对应的报警状态有3种："报警产生时执行一次""报警结束时执行一次""报警应答时执行一次"。还可在"策略内容注释"栏中添加该报警策略的相关注释。

5）用户策略实现存盘数据浏览

用户策略主要用来完成各种不同的任务，不能自动运行，要由指定的策略对象进行调用。用户策略的属性设置对话框如图2.2.12所示，从中可以更改该用户策略的名称，还可以添加策略内容的相关注释。

所谓存盘数据提取，就是把历史数据库数据按照一定的时间条件和统计方式取出来，存到另外一个数据表中。针对存盘数据提取的结果，在用户策略中采用"存盘数据浏览"构件可对提取的数据进行浏览。

图 2.2.11　报警策略的属性设置对话框　　　　图 2.2.12　用户策略的属性设置对话框

6）退出策略实现数据对象初始值的设定

退出策略一般完成系统善后处理功能，只在 MCGS 退出运行前由系统自动调用执行一次。

退出策略的属性设置对话框如图 2.2.13 所示。由于系统的退出策略只能有一个，所以策略名称是不能更改的，可以从中添加策略内容的相关注释。退出策略可以实现系统运行时相关数据的保存，以此作为下一次运行此系统时数据对象的初始值。

图 2.2.13　退出策略的属性设置对话框

7）热键策略

用户按下对应的热键时，执行一次热键策略，其属性设置对话框如图 2.2.14 所示，从中可以更改热键策略的名称，可以建立策略执行时对应的热键，可以通过直接按压键盘上的按键来添加，还可在"策略内容注释"栏中添加相关注释内容。

图2.2.14 热键策略的属性设置对话框

8）事件策略

当对应表达式的某种事件状态产生时，事件策略被系统自动调用一次。

事件策略的属性设置对话框如图2.2.15所示，从中可以更改事件策略的名称，可以建立策略执行时对应的表达式，还可以选择事件的内容。对应的事件内容有4种：表达式的值正跳变（0 to 1）、表达式的值负跳变（1 to 0）、表达式的值正负跳变（0 to 1 to 0）、表达式的值负正跳变（1 to 0 to 1）。还可在"策略内容注释"栏中添加相关注释内容。

图2.2.15 事件策略的属性设置对话框

2. 脚本程序

MCGS为用户提供了一个可以进行语言编程的环境，即脚本程序编辑窗口，在这里，用户可以灵活地实现控制流程和各种操作。脚本程序编辑窗口有多种进入方式，而经常采用的一种方法是在进行策略组态时通过脚本程序策略构件来进入脚本程序编辑窗口。

在脚本程序编辑窗口中，窗口的左侧可以编写相应的脚本程序语句，窗口的下方还提供了剪切、复制、粘贴等编辑功能。窗口的右侧是 MCGS 操作对象和函数列表，列出了工程中所有的窗口、策略、设备、变量、系统支持的方法、属性及各类系统函数，以供用户快速查找和使用。窗口的右下方是 MCGS 使用的语句和表达式类型。用户用鼠标单击，即可完成主要语句的编程。脚本程序的编程语法与普通的 BASIC 语言非常类似，对于大多数简单的应用系统，MCGS 的脚本程序通常只用来进行生产流程的控制和监测，而对于比较复杂的系统，脚本程序可以利用相对复杂的控制算法来实现系统的实时控制。正确地编写脚本程序可简化组态过程，大大提高工作效率，优化控制过程。

MCGS 中的脚本程序只有 4 种基本的语句，即赋值语句、条件语句、退出语句和注释语句，通过这 4 种简单的语句进行编程，可以实现许多复杂的控制流程。

1）赋值语句

其基本形式为"数据对象 = 表达式"，即把" = "右边表达式的运算值赋给" = "左边的数据对象。赋值号左边必须是能够读/写的数据对象，如开关型数据、数值型数据、字符型数据及能进行写操作的内部数据对象，而组对象、事件型数据、只读的内部数据对象、系统内部函数及常量均不能出现在赋值号的左边，因为不能对这些对象进行写操作。" = "的右边为一表达式，表达式的类型必须与左边数据对象值的类型相符，否则系统会提示"赋值语句类型不匹配"的错误信息。

2）条件语句

条件语句有如下 3 种形式：

（1）IF【表达式】THEN【赋值语句或退出语句】

（2）IF【表达式】THEN
　　　　【语句】
　　ENDIF

（3）IF【表达式】THEN
　　　　【语句】
　　ELSE
　　　　【语句】
　　ENDIF

条件语句允许多级嵌套，即条件语句中可以包含新的条件语句，MCGS 脚本程序的条件语句最多可以有 8 级嵌套，这为编制多分支流程的控制程序提供了可能。

IF 语句的表达式一般为逻辑表达式，也可以是值为数值型的表达式，表达式的值为非 0 时，条件成立，执行 THEN 后的语句，否则条件不成立，将不执行该条件块中包含的语句，开始执行该条件块后面的语句。

值为字符型的表达式不能作为 IF 语句中的表达式。

3）退出语句

退出语句为"Exit"，用于中断脚本程序的运行，停止执行其后面的语句。一般在条件语句中使用退出语句，以便在某种条件下，停止并退出脚本程序的执行。

4）注释语句

在脚本程序中以单引号开头的语句称为注释语句，实际运行时，系统不对注释语句作任何处理。

3. 内部函数简介

MCGS为用户提供了一些常用的数学函数和对MCGS内部对象进行操作的函数。组态时，可在表达式或用户脚本程序中直接使用这些函数。为了与其他名称区别，系统内部函数的名称一律以"!"符号开头。MCGS共提供了11种系统函数：运行环境操作函数、数据对象操作函数、用户登录操作函数、字符串操作函数、定时器操作函数、系统操作函数、数学函数、文件操作函数、ODBC数据库函数、配方操作函数和时间函数。每种函数又包括不同功能的多个函数，各函数的详细使用方法和功能可以参阅本书的附录。

2.2.3 项目分析

根据工作任务，对工程分析并规划。

（1）工程框架：1个用户窗口；2个循环策略：脚本程序构件和定时器构件。

（2）数据对象：电源模拟开关G1、G2；断路器QF1～QF7；短路故障K1、K2；变压器T1、T2。

（3）图形制作：参见图2.2.1所示。

（4）流程控制：通过循环策略中的脚本程序和定时器策略块实现。

2.2.4 项目实施

1. 新建工程

在安装有MCGS的计算机桌面上，双击"MCGS组态环境"快捷图标，进入MCGS的组态环境界面。

选择"文件"→"新建工程"菜单命令，创建一个新工程；选择"文件"→"工程另存为"菜单命令，如图2.2.16所示。给工程命名为"模拟供电系统监控设计"，保存在默认路径下（D:\MCGS\WORK\），点击"保存"按钮。

图2.2.16 新建工程并保存

2. 定义数据对象

1）初步确定系统数据对象

通过对模拟供电系统自动监控控制要求的分析，初步确定系统所需数据对象，见表 2.2.1。

表 2.2.1　模拟供电系统数据对象

序号	数据对象	类型	初值	注释
1	G1	开关型	0	电源 G1
2	G2	开关型	0	电源 G1
3	T1	开关型	0	变压器 1
4	T2	开关型	0	变压器 2
5	K1	开关型	0	短路故障 1
6	K2	开关型	0	短路故障 2
7	QF1	开关型	0	断路器 1
8	QF2	开关型	0	断路器 2
9	QF3	开关型	0	断路器 3
10	QF4	开关型	0	断路器 4
11	QF5	开关型	0	断路器 5
12	QF6	开关型	0	断路器 6
13	QF7	开关型	0	断路器 7
14	定时器当前值	数值型	0	定时器当前值
15	定时器启动	开关型	0	定时器启动位
16	定时器状态	开关型	0	定时器位当前通断状态

2）在实时数据库中添加数据对象

（1）单击工作台中的"实时数据库"选项卡，进入实时数据库窗口。

（2）单击"新增对象"按钮，在窗口的数据对象列表中，增加新的数据对象。

（3）双击新增加的数据对象"Data1"，打开"数据对象属性设置"对话框，其属性设置如图 2.2.17 所示。

①对象定义：对象名称：G1，对象初值："0"；

②对象类型：开关型；

③对象内容注释：电源 G1。

图2.2.17 在实时数据库中新增数据对象

（4）属性填写完毕后，单击"确认"按钮，进行保存。

按照上述方法，将"模拟供电系统"的全部数据变量添加到实时数据库中，并按照表2.2.1中所给的对象名称、数据对象类型、对象初值等对每个数据对象进行属性设置。

3. 界面设计与组态

1）用户窗口的建立

（1）新建用户窗口。打开 MCGS 组态环境工作台的"用户窗口"选项卡，单击"新建窗口"按钮，新建一个名为"窗口0"的用户窗口。

（2）窗口属性设置。选中"窗口0"图标，单击"窗口属性"按钮，弹出"用户窗口属性设置"对话框。在"基本属性"选项卡中，将"窗口名称"和"窗口标题"均改为"模拟供电系统"；在"窗口背景"中选择默认的浅灰色，也可以根据个人喜好选择背景颜色；在"窗口位置"中选"最大化显示"单选按钮，其他属性设置不变，如图2.2.18所示。单击"确认"按钮，返回到"用户窗口"选项卡中，"窗口0"图标已变为"模拟供电系统"。

（3）设置启动窗口。在"用户窗口"选项卡中，选中"模拟供电系统"图标，单击鼠标右键，在弹出的快捷菜单中选择"设置为启动窗口"命令，将该窗口设置为启动窗口。当进入 MCGS 运行环境时，系统将自动加载该窗口，如图2.2.19所示。

图 2.2.18　新建用户窗口属性设置

图 2.2.19　设置启动窗口

2）组态界面的编辑

MCGS 为用户提供了基本绘图工具以及丰富的图形对象元件库，利用它们可以制作出复杂的、常用的元件图符，实现组态画面的设计与编辑。

在工作台的"用户窗口"选项卡中，双击"模拟供电系统"图标，打开"动画组态模拟供电系统"窗口；或者选中"模拟供电系统"，单击右侧的"动画组态"按钮，也可以打开此窗口，如图2.2.20所示。

图 2.2.20　组态工程画面编辑窗口

（1）文字标签组态。

单击工具条中的"工具箱"按钮，打开绘图工具箱。单击绘图工具箱中的"标签"按钮 **A**，在窗口中出现"＋"光标，将光标移动至合适的位置，按住鼠标左键拖动，出现一定大小的矩形，松开鼠标。一个文本框绘制完成。

在文本框内光标闪烁的位置，输入文字"模拟供电系统"，按下键盘上的 Enter 键，即完成文字输入。如果需要修改文字内容，可以单击文字，单击鼠标右键，选择"该字符"，即可修改文本框的内容。

依次单击动画组态工具条（图 2.2.21）中的"字符色"按钮 、"字符字体"按钮 、"对齐"按钮 ，设置文本框中文字的颜色、字体、字号、格式等，如图 2.2.22（a）所示。单击工具条中的"线色"按钮 ，设置文本框为"无边线颜色"，如图 2.2.22（b）所示。

图 2.2.21　动画组态工具条

（2）供电线路组态。

为了能够形象地看到供电线路中电流的通断及流向状态，可以对线路进行"装饰"，这里采用"流动块"来实现电流的状态。

单击绘图工具箱中的"流动块"工具 ，画出一段折线。双击流动块图符，打开"基本属性"选项卡进行属性设置，如图 2.2.23 所示。

（a）

（b）

图 2.2.22　文字标签编辑

图 2.2.23　流动块的基本属性编辑

①管道外观：3D；

②管道宽度：7；

③填充颜色：蓝色；

④边线颜色：黑色；

⑤流动块颜色：绿色；

⑥流动块长度：6；

⑦流动块宽度：3；

⑧流动块间隔：4；

⑨流动块方向：从左（上）到右（下）；

⑩流动速度：快。

单击"流动属性"选项卡，在"表达式"单元中，单击右侧的 ? 图标，选择数据变量"G1"，用鼠标右键单击空白处，返回到"流动属性"设置标签页；在"当表达式非零时"单元中，选中"流块开始流动"单选框；单击"确认"按钮保存。其表明本流动块已与变量 G1 建立连接，流动与否取决于 G1 的值，如图2.2.24所示。

（3）断路器开关组态。

单击绘图工具箱中的插入元件图标 ，打开"对象元件库管理"对话框，

图 2.2.24　流动块的流动属性设置

选中图形对象库中的"开关"，在预览的所有开关中，选中"开关 11"，点击"确定"按钮，即可将所选开关添加图形编辑窗口中，调整开关的大小，并将其放置到指定的位置，作为供电线路中的断路器开关，如图2.2.25 所示。

图 2.2.25　断路器开关的绘制

单击绘图工具条中的 图标，添加"动画编辑工具条"，如图2.2.26 所示。

73

图 2.2.26　动画编辑工具条

选中"断路器开关"图符，单击动画编辑工具条中的"置于最顶层"图标 ，即可将开关覆盖住其他图符与此开关重叠的部分，如图 2.2.27 所示。

图 2.2.27　图层工具的使用

双击"断路器开关"，打开"单元属性设置"对话框，在"数据对象"标签页中，将"按钮输入"和"可见度"均连接变量 QF1，如图 2.2.28 所示。其中，"按钮输入"连接变量 QF1，这表明此开关可以通过单击进行操作。若当前开关为合闸状态，指示为绿色，那么，单击开关中绿色部分时，可以改变开关为断开的状态，同时指示为红色；同理，点击红色部分，可以将开关的当前断开状态改变为合闸状态，同时指示为绿色。

（4）变压器组态。

单击绘图工具箱中的插入元件图标 ，打开"对象元件库管理"对话框，选中图形对象库中的"电气符号"，在预览的所有电气符号中，选中"符号 7"，点击"确定"按钮，将变压器符号添加到图形编辑窗口中，如图 2.2.29 所示。

图 2.2.28　断路器开关变量连接

图 2.2.29　插入变压器符号

双击"变压器"图符，打开其"动画组态属性设置"对话框，将"颜色动画连接"单元中的"边线颜色"选中，则此对话框中便增加"边线颜色"选项卡，如图 2.2.30 所示。

图 2.2.30　添加"边线颜色"选项卡

单击"边线颜色"选项卡，打开边线颜色标签页，将"表达式"连接变量 T1；在边线颜色连接单元中，单击右侧的"增加"按钮，增加"0"和"1"两个分段点，双击"0"分段点对应的颜色，打开颜色选择框，选择"绿色"，同理，把"1"分段点对应的颜色改成"红色"，单击"确认"按钮，保存退出，如图 2.2.31 所示。这表示当 T1 变量值为"1"时，变压器的边线显示为红色，变压器故障；当 T1 变量值为"0"时，变压器边线颜色为绿色，变压器正常。

图 2.2.31　边线颜色组态对话框

采用以上步骤和方法，将线路中所需的流动块、断路器开关、变压器全部绘制完成。

（5）断路故障组态。

单击绘图工具箱中的插入元件图标 ，打开"对象元件库管理"对话框，选中图形对象库中的"电气符号"，在预览的所有电气符号中，选中"符号24"，点击"确定"按钮，将变压器符号添加到图形编辑窗口中，如图2.2.32所示。

图2.2.32 断路故障选择

用鼠标右键单击图符，选择"排列"→"分解单元"命令，将图符分解成小单元，用鼠标右键单击"矩形"图符，选择"属性"，进入"矩形"图符的"动画组态属性设置"对话框，点选"颜色与动画连接"单元中的"填充颜色"单选框，打开新增加的"填充颜色"选项卡，"表达式"连接变量K1，单击"填充颜色与连接"中的"增加"按钮，添加两个分段点，将分段点"1"对应的颜色改成"红色"，如图2.2.33所示，即当短路故障时，K1的值为"1"，"矩形"图符的填充颜色变为红色。

图2.2.33 短路故障图符填充颜色设置

选中刚才分解单元中所有的线条，单击鼠标右键，选择"排列"→"合成单元"命令，将图符组合成为一个单元，以方便后续编辑。单击组合好的图符，用鼠标右键选择"拷贝"，单击窗口中空白处，用鼠标右键选择"粘贴"，即可复制相同的图符。选中复制的图符，单击动画编辑工具条中的 Y 翻转图标 ![icon]，将图符向右镜像，调整好大小，将其放置在合适的位置。

（6）按钮组态。

本项目需要辅助操作按钮 6 个，分别为 2 个电源供电按钮、2 个变压器故障按钮、2 个短路故障按钮，均为绘图工具箱中的"标准按钮"，将它们调整好大小，摆放在适当的位置，变量连接方法已在本模块项目一中讲过，这里不再赘述。图 2.2.34 所示为绘制完成的模拟供电系统监控图。

图 2.2.34　绘制完成的模拟供电系统监控图

为了能够动态地、实时地显示供电线路的通断，需要根据需要将线路与必要的断路器开关、电源、变压器等设备相关联，方法很简单。先确定线路受控对象，然后将受控对象的变量与线路连接到一起即可，下面举例说明。

例如：变压器 T1 与断路器 QF4 之间的一小段线路，受控于变压器 T1，当变压器 T1 的值为"0"时，此线路正常工作，为流动状态，当变压器 T1 的值为"1"时，变压器发生故障，此段线路应该处于静止状态，因此，双击该段线路，打开"流动属性"标签页，将其表达式连接变量"T1 = 0"，即变量 T1 的值为"0"时，此段线路的流动块开始流动，否则，变量 T1 值为"1"时，流动块停止流动，如图 2.2.35 所示。

图 2.2.35　线路连接变量

当某条线路同时受到两种设备控制时，可以利用组态可识别的简单语句来实现。例如：通往水厂 1 线的线路，同时受控于断路器开关 QF4 和 QF6，即电源供电正常时，只要 QF4 和 QF6 有一个断路器开关处于合闸状态，此线路即满足通电状态，流动块开始流动，因此此流动块应连接变量，如图 2.2.36 所示。使用 or 语句将 QF4 与 QF6 两个变量关联起来。

图 2.2.36　受控于两种对象时的变量连接方法

4. 策略组态

本项目用到两个循环策略构件：脚本程序构件和定时器构件。

1）定时器构件

单击"工具台"→"运行策略"选项卡，双击循环策略，如图 2.2.37 所示。

图 2.2.37　打开循环策略的方法

用鼠标右键单击循环策略中的图标　　　　，打开"策略属性设置"对话框，将"策略执行方式"中的循环时间"60000"改为"100"，单位为 ms，如图 2.2.38 所示。

图 2.2.38　"策略属性设置"对话框

在窗口中空白处，单击右键菜单中的"策略工具箱"，打开策略工具箱，它为组态提供了多种组态策略构件，如图 2.2.39、图 2.2.40 所示。

用鼠标右键单击窗口空白处，在弹出的菜单中选择"新增策略行"，单击策略工具箱中的"定时器"，将鼠标指针移到策略块图标上，单击，即可添加定时器构件，如图 2.2.41 所示。

图 2.2.39　打开策略工具箱的方法

图 2.2.40　策略工具箱

（a）

（b）

图 2.2.41　新增定时器策略

双击"定时器构件",打开"定时器"基本属性对话框,其参数设置如图2.2.42所示。

图2.2.42　定时器构件参数设置

（1）设定值：2 s；

（2）当前值：定时器当前值（帮助连接变量在运行时显示当前的计时时间）；

（3）计时条件：K2 = 1（短路故障 K2 的值为"1"时，开始计时）；

（4）复位条件：K2 = 0（短路故障 K2 的值为"0"时，定时器复位）；

（5）计时状态：定时器位（定时器当前值大于等于 2 s 时，变量"定时器位"置"1"）。

在图形编辑窗口，添加定时器当前值显示区域。单击绘图工具条中的"文字标签"图标 **A**，在图2.2.43所示的位置，拖动出大小合适的矩形框，双击"文本标签"图符，打开"动态组态属性设置"对话框，设置其静态属性，如图2.2.44（a）所示，选中"输入输出连续"单元中的"显示输出"单选框，打开新增加的"显示输出"标签页，将"表达式"与数据库变量"定时器当前值"相连，将"输出值类型"设置为"数值量输出"，在"输出格式"中选择"向中对齐"，如图2.2.44（b）所示。

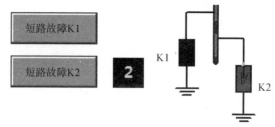

图2.2.43　添加定时器当前值显示文本标签

2）脚本程序构件

在 MCGS 的工作台，打开"运行策略"选项卡，双击"循环策略"，进入循环策略的"策略组态"窗口，在定时器策略行的下方增加一条新的策略行。

（a）　　　　　　　　　　　　　　　（b）

图 2.2.44　文本标签参数设置

单击新增策略行末端的小方块，其变成蓝色，再打开策略工具箱，双击"脚本程序"构件，脚本程序添加成功，如图 2.2.45 所示。

图 2.2.45　添加脚本程序策略

双击策略行末端的脚本程序构件，打开脚本程序编辑环境。用短路故障 K2 按钮控制定时器工作状态。脚本程序如下：

（1）2 个电源都不正常或 2 个变压器都故障。

```
IF(G1 = 0 AND G2 = 0)OR(T1 = 1 AND T2 = 1)THEN
    QF1 = 0
    QF2 = 0
    QF3 = 0
    QF4 = 0
    QF5 = 0
    QF6 = 0
    QF7 = 0
ENDIF
```

（2）2 个电源都正常。

```
IF G1 = 1 AND G2 =1 THEN
    IF T1 = 0 AND T2 =0 THEN        '2 个变压器正常,无故障
        QF1 = 1
        QF2 = 1
        QF3 = 0
        QF4 = 1
        QF5 = 1
        QF6 = 0
    ENDIF
    IF T1 = 0 AND T2 =1 THEN        '变压器 T2 故障
        QF1 = 1
        QF2 = 0
        QF3 = 0
        QF4 = 1
        QF5 = 0
        QF6 = 1
    ENDIF
    IF T1 = 1 AND T2 =0 THEN        '变压器 T1 故障
        QF1 = 0
        QF2 = 1
        QF3 = 0
        QF4 = 0
        QF5 = 1
        QF6 = 1
    ENDIF
ENDIF
```

（3）电源 G2 不正常。

```
IF G1 = 1 AND G2 =0 THEN
    IF T1 = 0 AND T2 =0 THEN        '2 个变压器正常,无故障
        QF1 = 1
        QF2 = 0
        QF3 = 1
        QF4 = 1
        QF5 = 1
        QF6 = 0
    ENDIF
```

```
        IF T1 = 0 AND T2 =1 THEN              '变压器 T2 故障
            QF1 = 1
            QF2 = 0
            QF3 = 0
            QF4 = 1
            QF5 = 0
            QF6 = 1
        ENDIF
        IF T1 = 1 AND T2 =0 THEN          '变压器 T1 故障
            QF1 = 1
            QF2 = 0
            QF3 = 1
            QF4 = 0
            QF5 = 1
            QF6 = 1
        ENDIF
ENDIF
```

（4）电源 G1 不正常。

```
IF G1  = 0 AND G2 = 1 THEN
        IF T1 = 0 AND T2 =0 THEN          '2 个变压器正常,无故障
            QF1 = 0
            QF2 = 1
            QF3 = 1
            QF4 = 1
            QF5 = 1
            QF6 = 0
        ENDIF
        IF T1 = 0 AND T2 =1 THEN          '变压器 T2 故障
            QF1 = 0
            QF2 = 1
            QF3 = 1
            QF4 = 1
            QF5 = 0
            QF6 = 1
        ENDIF
        IF T1 = 1 AND T2 =0 THEN          '变压器 T1 故障
            QF1 = 0
```

```
        QF2 = 1
        QF3 = 0
        QF4 = 0
        QF5 = 1
        QF6 = 1
    ENDIF
ENDIF
```

（5）短路故障。

```
IF K1 = 0 AND K2 = 0 THEN QF7 =1        '短路无故障
IF K1 = 1 AND K2 = 0 THEN QF7 =0        '短路故障 K1,速断保护
IF K1 = 0 AND K2 = 1 THEN QF7 =0        '短路故障 K2,过流保护,2 s后断开
```

2.2.5 项目总结与评价

本项目评价可以参考表 2.2.2 所示的评价内容，教师和学生可以进行师评和自评。

表 2.2.2 模拟供电监控系统自我评价

评价内容	评价标准	分值	得分	有待提高部分
数据库变量的建立	变量的数据类型正确，不缺项	10 分		
组态界面的制作	画面美观，不缺项	10 分		
界面动画连接	动画效果正确显示	40 分		
控制程序设计	构件策略使用正确，运行动态效果正确	20 分		
项目整体调试	整体运行效果符合要求	20 分		
项目收获				

2.2.6 问题与思考

（1）MCGS 中循环策略的执行时间如何设置？

（2）启动策略和退出策略的作用是什么？

（3）某系统中共有 1 个水箱和 2 台水泵，要求在水箱的液位到达指定高度时启动第一台水泵，当液位下降达指定高度时第一台水泵停止运行，同时启动第二台水泵。利用循环策略实现，并写出相关的脚本程序。

（4）某系统中含有一个加热器，其加热的条件是 T = 1，加热装置继电器的开关为 KM1（"1" 为开，"0" 为关），加热的时间是 5 min，利用定时器策略构件在 MCGS 中实现。

实践项目2.2 雨水利用自动监控系统设计

1. 控制要求

查阅雨水利用监控系统的相关资料，根据如下控制要求，利用MCGS实现雨水利用监控系统画面的制作及程序的编写、调试。控制要求如下：

（1）气压罐压力低于设定值（压力传感器S1 =0），而且雨水罐液面高于下液位（S4 =1）时，水泵Y2启动，气罐压力增加，待S1 =1时，延时5 s停止Y2。

（2）液面低于下液位（S4 =0）时，水泵Y2不能启动。

（3）液面低于中液位（S3 =0）时，进水阀Y1开启，注入净水。

（4）液面高于上液位（S2 =1）时，进水阀Y1关断，停止注入净水。

2. 参考画面（图2.2.46）

图2.2.46　雨水利用监控系统参考界面设计

3. 参考数据库变量（表2.2.3）

表2.2.3　参考变量定义

序号	变量名	类 型	初 值	注 释
1	S1	开关	0	压力传感器，输入，压力大于等于设定值时：=1
2	S2	开关	0	上液位传感器，输入，液位大于等于上限时：=1
3	S3	开关	0	中液位传感器，输入，液位大于等于中限时：=1
4	S4	开关	0	下液位传感器，输入，液位大于等于下限时：=1

序号	变量名	类 型	初 值	注 释
5	Y1	开关	0	进水阀，输出，1 为接通
6	Y2	开关	0	水泵，输出，1 为工作
7	水	数值	0	雨水罐液位变化效果参数
8	水 1	数值	0	气压罐液位变化效果参数
9	ZHV1	开关	0	定时时间到信号，1 有效
10	ZHV2	开关	0	定时器启动，=1：启动；=0：停止并复位定时器
11	ZHV3	数值	0	定时器计时时间

4. 参考脚本程序

（1）动画参数修改：

```
IF Y1 = 1    THEN 水 = 水 + 1
IF Y2 = 1    THEN
    水 = 水 – 1.2
    水 1 = 水 1 + 1
ENDIF          '注意参数变化幅度应尽量与实际对象相同
```

（2）自动控制：

```
IF S1 = 0 AND S4 = 1    THEN    Y2 = 1
IF S1 = 1    THEN    ZHV2 = 1
IF ZHV1 = 1    THEN
    Y2 = 0
    ZHV2 = 0
ENDIF
IFS4 = 0    THEN    Y2 = 0
IFS3 = 0    THEN    Y1 = 1
IFS2 = 1    THEN    Y1 = 0
```

观察参考程序的不足，结合对象的实际情况，写出更好的属于自己的控制程序。

项目三 生产搬运机械手监控系统设计

2.3.1 项目导入

1. 学习目标

（1）掌握 MCGS 组建工程的一般步骤；

（2）掌握组态界面设计、图符构成及图符、按钮的组态；

（3）掌握运行策略选择及应用，掌握定时器与计数器的组态设计；

（4）掌握生产搬运机械手监控系统组态演示工程的设计制作。

2. 项目描述

在科技日新月异的发展之下，机械手与人类的手臂的最大区别就在于灵活度与耐力，机械手的应用也将会越来越广泛。机械手是近几十年发展起来的一种高科技自动生产设备，可以完成精确的作业。具体控制要求如下：

（1）系统设置完物料的总块数后，按下启动按钮后，机械手下移 5 s—夹紧 2 s—上升 5 s—右移 10 s—下移 5 s—放松 2 s—上移 5 s—左移 10 s（s 为秒），最后回到原始位置，自动循环。

（2）按下停止按钮，机械手停在当前位置，再次按下停止按钮，机械手系统继续运行。

（3）按下复位按钮后，机械手回到原始位置，停止。

（4）搬运完所有的物料后自动回到原始位置，停止，同时显示搬运过程中已搬运的物料块数。

2.3.2 项目资讯

本项目介绍生产搬运机械手制作的组态过程，详细讲解如何应用 MCGS 组态软件完成一个工程。本项目涉及动画制作、控制流程的编写、变量设计、定时器及计数器策略的使用等多项组态操作。本项目的重点知识点：定时器构件及计数器策略。

1. 定时器构件

定时器构件以时间作为条件，当到达设定的时间时，构件的条件成立一次，否则不成立。定时器功能构件通常用于循环策略块的策略行中，作为循环执行功能构件的定时启动条件。定时器功能构件一般应用于需要进行时间控制的功能部件，如定时存盘、定期打印报表、定时给操作员显示提示信息等。

定时器构件的属性窗口如图 2.3.1 所示。

图 2.3.1 定时器构件的属性窗口

（1）定时器设定值。定时器设定值对应于一个表达式，用表达式的值作为定时器的设定值。当定时器的当前值大于等于设定值时，本构件的条件一直满足。定时器的时间单位为 s，但可以设置成小数，以处理 ms 级的时间。如设定值没有建立连接或把设定值设为"0"，则构件的条件永远不成立。

（2）定时器当前值。定时器当前值和一个数值型的数据对象建立连接，每次运行到本构件时，把定时器的当前值赋给对应的数据对象。如没有建立连接则不处理。

（3）计时条件。计时条件对应一个表达式，当表达式的值非零时，定时器进行计时，为"0"时停止计时。如没有建立连接则认为时间条件永远成立。

（4）复位条件。复位条件对应一个表达式，当表达式的值非零时，对定时器进行复位，使其从"0"开始重新计时，当表达式的值为"0"时，定时器一直累计计时，到达最大值 65 535 后，定时器的当前值一直保持该数，直到复位条件。如复位条件没有建立连接，则认为定时器计时到设定值、构件条件满足一次后，自动复位重新开始计时。

（5）计时状态。计时状态和开关型数据对象建立连接，把计时器的计时状态赋给数据对象。当当前值小于设定值时，计时状态为"0"，当当前值大于等于设定值时，计时状态为"1"。

2. 计数器构件

计数器通常用于对指定的事件进行计数，当计数值达到设定值时，构件的条件成立一次，调用一次策略行中的策略功能构件，然后计数器清零，重新开始计数，直到下次到达设定值，再次满足条件，循环往复调用策略功能构件。与计数器属性设置相关的参数有 6 个，如图 2.3.2 所示。

图 2.3.2　计数器策略参数

（1）计数对象名。计数对象名是指计数器作用的数据对象。这一数据对象可以是开关型、数值型或事件型。

（2）计数器事件。计数器事件是指允许条件计数器进行计数操作的条件。当这些条件满足时，计数器的当前值加 1，完成一次计数统计。而计数器的计数条件又有 6 种：数值型数据对象报警产生、事件型数据对象报警产生、开关型数据对象正跳变（即在上升沿，当前值加1计数一次）、开关型数据对象负跳变（即在下降沿，当前值加1计数一次）、开关型数据对象正负跳变（即先上升沿，再下降沿时，当前值加1计数一次）、开关型数据对象负正跳变（即先下降沿，再上升沿时，当前值加1计数一次）。

（3）计数设定值。计数设定值是指计数器预期要完成的统计数量。它可以是一个具体的数值，也可以是一个表达式。当计数器的当前值累加到大于等于设定值时，计数器的计数状态为"1"，表示计数工作已完成；否则，计数状态为"0"。

（4）计数当前值。计数器在计数时实时累加，并输出具体数值。它一般与一个数值型数据对象相对应。利用计数当前值，可以设置不同的编程条件，从而满足不同的控制需求。

（5）复位条件。复位条件是指对计数器的计数状态复位，并对当前值清零的条件。它可以对应一个开关型或数值型的数据对象，也可以对应一个表达式。当对应数据对象的值非零时，或对应的表达式条件成立时，计数器复位，即计数器的计数状态为"0"，同时计数当前值清零。注意：计数器不会自动复位。当计数当前值累加到大于等于设定值时，计数器的计数状态为"1"，计数工作完成；若仍满足计数条件，计数当前值会继续累加，直至累加到最大值65 535时，计数当前值会保持不变。若满足复位条件（即出现复位信号）计数器才恢复为"0"。

（6）计数状态。计数状态用于描述计数器的工作状态，一般对应一个开关型数据对象。当计数状态为"1"时，表示计数工作已完成。

2.3.3　项目分析

工程效果图如图2.3.3所示。

机械手监控系统

图2.3.3　工程效果图

在开始组态工程之前，先对该项目进行剖析，以便从整体上把握工程的结构、流程、需实现的功能及如何实现这些功能。

1. 工程框架分析

（1）需要一个用户窗口及实时数据库。

（2）需要一个循环策略。

（3）在循环策略中使用定时器构件、计数器构件及脚本程序构件。

2. 图形制作分析（表2.3.1）

表2.3.1　用户窗口中图形元件的实现方法

用户窗口	图形中的元件	实现方法
机械手控制系统	文字	标签构件
	按钮	由工具箱添加
	指示灯	由对象元件库引入
	矩形	由工具箱添加
	机械手	由对象元件库引入

3. 数据对象分析

通过分析机械手监控系统的控制要求，初步确定系统所需数据对象，见表2.3.2。

表2.3.2　生产搬运机械手项目的数据变量表

序号	数据对象	类型	初值	注　释
1	启动	开关型	0	机械手系统启动运行控制信号，1有效
2	停止	开关型	0	停止按钮，1为暂停，0为取消
3	复位	开关型	0	机械手系统复位控制信号，1有效
4	夹紧	开关型	0	控制机械手夹紧，1有效
5	放松	开关型	0	控制机械手放松，1有效
6	上移	开关型	0	控制机械手上移，1有效
7	下移	开关型	0	控制机械手下移，1有效
8	左移	开关型	0	控制机械手左移，1有效
9	右移	开关型	0	控制机械手右移，1有效
10	定时器启动	开关型	0	定时器启动
11	定时器复位	开关型	0	定时器复位
12	计时时间	数值型	0	定时器的当前值

续表

序号	数据对象	类型	初值	注　释
13	水平移动量	数值型	0	控制构件水平运动的参量
14	垂直移动量	数值型	0	控制构件上下运动的参量
15	工件夹紧标志	开关型	0	标示工件是夹紧还是放松状态
16	物料到位标志	开关型	0	标示物块是否到位
17	启动标志	开关型	0	标示是否按下启动按钮，1 有效
18	复位标志	开关型	0	标示是否按下复位按钮，1 有效
19	计数状态	开关型	0	计数状态
20	计数器脉冲	开关型	0	计数对象名
21	计数器当前值	数值型	0	计数器当前值
22	计数器复位	开关型	0	计数器复位条件，1 有效
23	计数器设定值	数值型	0	计数器设定值

2.3.4　项目实施

1. 新建工程

在已安装有 MCGS 通用版组态软件的计算机桌面上，双击"MCGS 组态环境"快捷图标，进入 MCGS 通用版的组态环境界面。

选择"文件"→"新建工程"菜单命令，创建一个新工程。再单击"文件"→"工程另存为"菜单命令，对工程进行保存，更改工程文件名为"机械手监控系统"，保存路径为"D：\MCGS\WORK\机械手监控系统"，如图 2.3.4 所示。

图 2.3.4　新建"机械手监控系统"组态工程

2. 定义数据对象

1）在实时数据库中添加数据对象

打开"工作台"的"实时数据库"选项卡，如图2.3.5所示，单击"新增对象"按钮，在数据对象列表中，增加新的数据变量，如图2.3.6所示。

图2.3.5 "实时数据库"选项卡

图2.3.6 新增数据对象

2）数据对象的属性设置

选中实时数据库中的新增数据对象"Data1"，单击"对象属性"按钮，或直接双击"Data1"，打开"数据对象属性设置"对话框。将"对象名称"更改为"启动"，将"对象初值"设为"0"，"对象类型"选为"开关"型，在"对象内容注释"文本框内输入"机械手系统启动运行控制信号。1有效"，单击"确认"按钮，如图2.3.7所示。

图 2.3.7　"数据对象属性设置"对话框

　　同理，按照上述方法，将机械手监控系统数据对象添加到实时数据库中，并按照表 2.3.2 中所给的对象名称、数据对象类型、对象初值等对每个数据对象进行属性设置。定义好的实时数据库如图 2.3.8 所示。

图 2.3.8　在实时数据库中初步定义的数据对象

3. 界面组态

1）用户窗口的建立

（1）新建用户窗口。在"用户窗口"中单击"新建窗口"按钮，建立"窗口 0"，如图

2.3.9 所示。

图 2.3.9　新建用户窗口

（2）窗口属性设置。选中"窗口 0"，单击"窗口属性"，进入"用户窗口属性设置"对话框。将"窗口名称"改为"机械手控制"；将"窗口标题"改为"机械手监控系统"；将"窗口背景"选为"灰色"，在"窗口位置"中选"最大化显示"，其他不变，单击"确认"按钮，如图 2.3.10 所示。

图 2.3.10　"用户窗口属性设置"对话框

（3）设置为启动窗口。在"用户窗口"中，选中"机械手控制"，点击鼠标右键，选择下拉菜单中的"设置为启动窗口"选项，将该窗口设置为运行时自动加载的窗口，如图 2.3.11 所示。

图 2.3.11　设置为启动窗口

2）编辑画面

（1）制作文字标签。

选中"机械手控制"窗口图标，单击"动画组态"，进入动画组态窗口，开始编辑画面。

①单击工具条中的"工具箱"按钮 ，打开绘图工具箱。选择"工具箱"内的"标签"按钮 ，鼠标的光标呈"十"字形，在窗口顶端中心位置拖曳鼠标，根据需要拉出一个一定大小的矩形。在光标闪烁位置输入文字"机械手控制系统"，按 Enter 键或在窗口任意位置用鼠标点击一下，文字输入完毕。如果需要修改输入文字，则单击已输入的文字，然后按 Enter 键就可以进行编辑，也可以单击鼠标右键，在弹出的下拉菜单中选择"改字符"。

②选中文字框，作如下设置：

点击 （填充色）按钮，设定文字框的背景颜色为"没有填充"。

点击 （线色）按钮，设置文字框的边线颜色为"没有边线"。

点击 （字符字体）按钮，设置文字字体为"宋体"，字型为"粗体"，大小为"26"。

点击 （字符颜色）按钮，将文字颜色设为"红色"。

③选择工具箱内的"标签"按钮 ，根据需要拉出 4 个一定大小的矩形。其中两个在光标闪烁位置分别输入文字"物块总数"与"已搬运总数"，点击 （线色）按钮，设置文字框的边线颜色为"没有边线"。另外两个个采用默认设置即可。编辑后的画面如图 2.3.12 所示。

（2）图形的绘制与编辑。

①画地平线。单击绘图工具箱中"画线"工具按钮中的"直线"按钮 ，挪动鼠标光标，此时光标呈"十"字形，在窗口适当位置按住鼠标左键并拖曳出一条一定长度的直线。单击"线色"按钮 ，选择"黑色"。单击"线型"按钮 ，选择合适的线型。单击"保存"按钮。

97

图 2.3.12　编辑后的画面

②画矩形。单击绘图工具箱中的"矩形"工具按钮 □ ，挪动鼠标光标，此时呈光标"十"字形。在窗口适当位置按住鼠标左键并拖曳出一个一定大小的矩形。单击窗口上方工具栏中的"填充色"按钮 ，选择"蓝色"。单击"线色"按钮 ，选择"没有边线"。单击窗口其他任何一个空白地方，结束第 1 个矩形的编辑。依次画出机械手画面的 10 个矩形部分（7 个蓝色，3 个红色），单击"保存"按钮，如图 2.3.13 所示。

图 2.3.13　绘制台架、物块及地平线

③构成图符。同时选中编辑好的工位架（所有蓝色矩形）并单击鼠标右键，弹出快捷菜单，将光标移动至"排列"子菜单，在弹出的子菜单中，选择"构成图符"命令，如图 2.3.14 所示。这样一个完整的工位架图符就编辑完成了。单击工具条中的"保存"按钮，

保存设置。

图 2.3.14　图符构成

（3）构件的选取。

①机械手的绘制。单击绘图工具箱中的"插入元件"图标，弹出"对象元件库管理"对话框，如图 2.3.15 所示，双击窗口左侧"对象元件列表"中的"其他"，展开该列表项，单击"机械手"，单击"确定"按钮。机械手控制画面窗口中出现机械手的图形。在机械手被选中的情况下，单击"排列"菜单，选择"旋转"→"右旋 90 度"命令，使机械手旋转 90 度。调整位置和大小，单击"保存"按钮。

图 2.3.15　机械手构件的选择

②画机械手左侧和下方的滑杆。利用"插入元件"工具，选择"管道"元件库中的"管道 95"和"管道 96"，如图 2.3.16 所示，分别画出两个滑杆，将大小和位置调整好。

③画指示灯。需要启动、停止、复位、上、下、左、右、夹紧、放松 9 个指示灯显示机械手的工作状态。选用 MCGS 元件库中提供的指示灯，这里选择"指示灯 2"，如图 2.3.17 所示。画好后在每一个指示灯后写上文字注释，文字框的背景颜色为"没有填充"，文字框的边线颜色为"没有边线"。调整位置，编辑文字，单击"保存"按钮。

图 2.3.16　管道构件的选择

图 2.3.17　指示灯构件的选择

④画按钮。单击画图工具箱的"标准按钮"工具 ，在画图中画出一定大小的按钮。调整其大小和位置，双击按钮，弹出"标准按钮构件属性设置"对话框，将按钮标题改为"启动"，如图 2.3.18 所示。同理，"停止""复位"按钮的设置同上。最后生成的画面如图 2.3.3 所示。

图 2.3.18　"标准按钮构件属性设置"对话框（一）

3）动画连接

（1）按钮的动画连接。

双击"启动"按钮，弹出"属性设置"窗口，单击"操作属性"选项卡，选中"数据对象值操作"，单击第 1 个下拉列表的"▼"按钮，弹出按钮动作下拉菜单，单击"按 1 松 0"。单击第 2 个下拉列表的"?"按钮，弹出当前用户定义的所有数据对象列表，双击"启动"，单击"确认"按钮，如图 2.3.19 所示。用同样的方法建立复位按钮与停止按钮与对应变量之间的动画连接，注意停止按钮"数据对象值操作"选择"取反"。

图 2.3.19 "标准按钮构件属性设置"对话框（二）

（2）指示灯的动画连接。

双击启动指示灯，弹出"单元属性设置"窗口。单击"数据对象"选项卡，单击"可见度"，出现"？"按钮，单击"？"按钮，弹出当前用户定义的所以数据对象列表，双击"启动标志"（也可在这一栏直接输入文字：启动标志）。单击"确认"按钮，退出"单元属性设置"窗口，结束启动指示灯的动画连接，如图 2.3.20 所示，单击"保存"按钮。按照前面的步骤，依次对其他指示灯进行设置。

图 2.3.20 指示灯可见度属性设置

（3）文本框的动画连接。

双击物块总数旁的文本框，弹出"动画组态属性设置"窗口，在"输出输入连接"选项中将"显示输出"与"按钮输入"勾选上，上方出现"显示输出"与"按钮输入"选项，如图 2.3.21 所示。单击"显示输出"选项，在"表达式"中单击"？"按钮，弹出当前用户定义的所有数据对象列表，双击"计数器设定值"，输出类型为"数值量输出"，整数位数为"2"，其他为默认即可，如图2.3.22所示。单击"按钮输入"选项，在"对应的数据名称"中单击"？"按钮，弹出当前用户定义的所有数据对象列表，双击"计数器设定值"，输入类型为"数值量输入"，将输入最小值设为"0"，将输入最大值设为"20"，如图2.3.23所示。

双击已搬运物块数旁的文本框，弹出"动画组态属性设置"窗口，在"输出/输入连接"选项中将"显示输出"勾选上，上方出现"显示输出"选项，单击"显示输出"选项，在"表达式"中单击"？"按钮，弹出当前用户定义的所有数据对象列表，双击"计数器当前值"，输出类型为"数值量输出"，整数位数为"2"，其他为默认即可，如图2.3.24所示。

图 2.3.21　文本框动画组态属性设置

图 2.3.22　文本框显示输出属性设置

图 2.2.23　文本框按钮输入属性设置

图 2.2.24　文本框显示输出属性设置

（4）构件移动动画连接。

①垂直移动动画连接。单击"查看"菜单，选择"状态条"，在屏幕下方出现状态条，状态条左侧的文字代表当前操作状态，右侧显示被选中对象的位置坐标和大小，如图2.3.25所示。

| 准备就绪,等待操作。 | 位置 0X72 | 大小 1366X633 |

图 2.3.25　状态条

在上工件底边与下工件底边之间画出一条直线，根据状态条大小指示可知直线总长度，假设为 120 个像素。在机械手监控画面中选中并双击上工件，弹出"属性设置"窗口。在"位置动画连接"一栏中选中"垂直移动"，上方出现"垂直移动"选项，如图 2.3.26所示。

单击"垂直移动"选项卡，在"表达式"一栏填入"垂直移动量"。在"垂直移动连接"栏填入各项参数，如图 2.3.27 所示，其意思是：当垂直移动量 =0 时，向下移动距离 =0；当垂直移动量 =25 时，向下移动距离 =120。单击"确认"按钮，存盘。［垂直移动量的最大值 = 循环次数 × 变化率 =25 × 1 =25；循环次数 = 下移时间（上升时间）/循环策略执行间隔 =5 s/200 ms =25 次。变化率为每执行一次脚本程序垂直移动量的变化，在本例中为加 1 或减 1。］

图 2.3.26　上工件选择垂直移动连接 　　 图 2.3.27　上工件选择垂直移动属性设置

②垂直缩放动画连接。选中下滑杆，测量其长度。在下滑杆顶边与下工件顶边之间画直线，观察长度，假设为 177 个像素。垂直缩放比例 = 直线长度 177/下滑杆长度 60，本例中假设为 2.95。选中并双击下滑杆，弹出属性设置窗口，在"位置动画连接"中勾选"大小变化"选项卡，选择"大小变化"选项，进入该页，按图 2.3.28 所示设定参数，"变化方向"选择"向下"，"变化方式"为"缩放"。输入参数的意义：当垂直移动量 =0 时，长度 =初值的 100%；当垂直移动量 =25 时，长度 =初值的 295%。

图 2.3.28　下滑杆大小变化属性设置

③水平移动动画连接。在工件初始位置和移动目的地之间画一条直线，记下状态条大小指示，此参数即总水平移动距离，假设移动距离为 180。脚本程序执行次数 = 左移时间（右移时间）/循环策略执行间隔 = 10 s/200 ms = 50 次。水平移动量的最大值 = 循环次数×变化率 = 50×1 = 50，当水平移动量 = 50 时，水平移动距离为 180。选中并双击上工件，弹出属性设置窗口，勾选"水平移动"选项，单击选择"水平移动"选项，进入该页，按图 2.3.29 所示对上工件进行水平移动动画连接。参数设置的意思是：当水平移动量 = 0 时，向右移动距离为 0；当水平移动量 = 50 时，向右移动距离为 180。用同样的方法，对机械手和下滑杆进行水平移动动画连接。

图 2.3.29　上工件水平移动属性设置

④水平缩放动画连接。选中左滑杆，测量其长度。在左滑杆左边与目的地之间画直线，观察长度，假设为 278 个像素。水平缩放比例 = 直线长度 278/左滑杆长度 103，本例中假设

为2.70。按图2.3.30所示设定参数。填入各个参数，并注意变化方向和变化方式选择。当水平移动参数=0时，长度为初值的100%；当水平移动参数=50时，长度为初值的270%。单击"确认"按钮，存盘。

图2.3.30　左滑杆大小变化属性设置

⑤工件移动动画的实现。选中下工件，双击进入"属性设置"页，在"特殊动画连接"中选择"可见度"，上方出现"可见度"属性，单击进入"可见度"选项，在"表达式"一栏填入"工件夹紧标志"。当表达式非零时，选择"对应图符不可见"，如图2.3.31所示。

图2.3.31　下工件可见度属性设置

用同样的方法，设置上工件和右工件的可见度属性。选中并双击上工件，将其可见度属性设置为与下工件相反，即当工件夹紧标志非零时，对应图符可见。选中右工件，在"属性设置"页中选择可见度。进入"可见度"页，在"表达式"一栏填入"物块到位标志"。

当表达式非零时，选择"对应图符不可见"。单击"确认"按钮，存盘。

4. 定时器构件组态

1）在循环策略中添加定时器构件

（1）单击动画组态窗口工具条中的"工作台"按钮 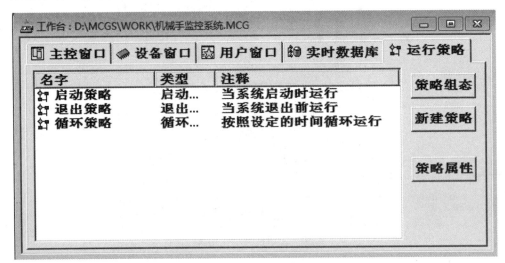，弹出"工作台"窗口。单击"运行策略"标签，进入"运行策略"选项卡，如图2.3.32所示。

图2.3.32　工作台运行策略窗口

（2）设定"循环策略"循环执行周期为"200 ms"。在"运行策略"选项卡中，选中"循环策略"，单击右侧的"策略属性"按钮，或者单击鼠标右键，在弹出的快捷菜单中选择"属性"命令，即可进入"策略属性设置"对话框。在该对话框中，系统默认循环策略的定时循环执行周期为60 000 ms，即1 min执行一次，对于一般的监控系统，这个周期时间太长了，所以需要修改。将定时循环执行周期时间更改为"200 ms"，如图2.3.33所示。

图2.3.33　设置循环执行周期

（3）在循环策略"策略组态"窗口中添加定时器构件。双击"运行策略"选项卡中的"循环策略"选项，或单击选中"循环策略"选项，再单击右侧的"策略组态"按钮，即可进入"策略组态：循环策略"窗口，如图 2.3.34 所示。

图 2.3.34　"策略组态：循环策略"窗口

在"策略组态：循环策略"窗口中，单击鼠标右键，在弹出的快捷菜单中选择"新增策略行"命令，或者单击窗口工具条的"新增策略行"按钮　，在"策略组态：循环策略"窗口中可添加一个新的策略行。每一个策略行中都有一个条件部分和一个功能部分，构成了"条件－功能"的结构，如图 2.3.35 所示。

图 2.3.35　新增策略行

单击鼠标右键，在弹出的快捷菜单中选择"策略工具箱"命令，或者单击窗口工具条件中的"策略工具箱"按钮　，弹出"策略工具箱"对话框。在"策略工具箱"对话框中单击"定时器"选项，光标呈小手形，将光标移动到策略行末端的灰色方块上并单击，定时器构件添加成功，如图 2.3.36 所示。

2）定时器属性设置

在"策略组态：循环策略"窗口中，双击策略行末端的"定时器"，打开"定时器"的基本属性对话框。在"定时器"的基本属性对话框中，将"设定值"设置为"12"，表示设置定时器的定时时间为 12 s。单击"当前值"文本框右侧的"？"按钮，在实时数据库中选择"计时时间"变量。使用同样的方法对剩下的 3 个参数进行关联设置，设置结果如图 2.3.37 所示。单击"确认"按钮，并保存设置。

图 2.3.36　添加定时器策略

图 2.3.37　定时器属性设置

5. 计数器组态设计

1）在循环策略中添加计数器构件

参照添加定时器策略行的方法，新增策略行后，添加计数器策略，如图 2.3.38 所示。

图 2.3.38　添加计数器策略

2）计数器属性设置

双击策略行末端的"计数器"，打开计数器的基本属性对话框。在计数器的基本属性对话框中，单击"计数对象名"文本框右侧的"？"按钮，在实时数据库中选择"计数器脉冲"变量，"计数器事件"选择"开关型数据对象正跳变"，使用同样的方法对剩下的 4 个参数进行关联设置，设置结果如图 2.3.39 所示。单击"确认"按钮，并保存设置。

图 2.3.39　计数器策略属性设置

6. 监控系统整体调试

1）添加脚本策略行

在"工作台"窗口单击"运行策略"标签，打开"运行策略"选项卡，双击"循环策略"选项，进入"策略组态：循环策略"窗口，单击鼠标右键，在弹出的快捷菜单中选择"新增策略行"命令，即可在计数器策略行的上方增加一个新的策略行。单击新增策略行末端的小方块，其变成蓝色，表示被选中，然后在策略工具箱中双击"脚本程序"选项，脚本程序就被成功地添加到新策略行上，如图 2.3.40 所示。

图 2.3.40　新增脚本程序策略行

双击新增策略行末端的"脚本程序"，即可打开脚本程序编辑环境，在其中可编辑脚本程序。

完整的参考脚本程序清单如下：

（1）水平移动量和垂直移动量的控制程序段。

```
IF 下移 = 1   THEN   垂直移动量 = 垂直移动量 + 1
IF 上移 = 1   THEN   垂直移动量 = 垂直移动量 - 1
IF 右移 = 1   THEN   水平移动量 = 水平移动量 + 1
IF 左移 = 1   THEN   水平移动量 = 水平移动量 - 1
```

（2）定时器与计数器的运行控制程序段。

```
IF 启动 = 1   THEN
    定时器复位 = 0
    定时器启动 = 1
    启动标志 = 1
    计数器复位 = 0
    复位标志 = 0
ENDIF
IF 停止 = 1 THEN
    定时器启动 = 0
    定时器复位 = 0
ENDIF
IF 停止 = 0 AND 启动标志 = 1 THEN
    定时器启动 = 1
    定时器复位 = 0
    复位标志 = 0
ENDIF
IF 复位 = 1 OR 计数器到 = 1 THEN
    复位标志 = 1
    计数器复位 = 1
    定时器复位 = 1
    定时器启动 = 0
    启动标志 = 0
    左移 = 0
    右移 = 0
    上移 = 0
    下移 = 0
    夹紧 = 0
    放松 = 0
    工件夹紧标志 = 0
    计时时间 = 0
    垂直移动量 = 0
    水平移动量 = 0
    物料到位标志 = 0
ENDIF
```

（3）机械手系统运行程序段。

```
IF 定时器启动 =1 THEN
    计数器脉冲 = 0
    IF 计时时间 <5   THEN
        下移 =1
        物料到位标志 =0
    THEN
    IF 计时时间 < =7 AND 计时时间 > =5 THEN
        夹紧 =1
        下移 =0
    ENDIF
    IF 计时时间 < =12 AND 计时时间 >7 THEN
        上移 =1
        工件夹紧标志 =1
    ENDIF
    IF 计时时间 < =22 AND 计时时间 >12 THEN
        右移 =1
        上移 =0
    ENDIF
    IF 计时时间 < =27 AND 计时时间 >22 THEN
        下移 =1
        右移 =0
    ENDIF
    IF 计时时间 < =29 AND 计时时间 >27 THEN
        放松 =1
        下移 =0
        夹紧 =0
        物料到位标志 =1
    ENDIF
    IF 计时时间 < =34 AND 计时时间 >29 THEN
        上移 =1
        工件夹紧标志 =0
    ENDIF
    IF 计时时间 < =44   AND 计时时间 >34 THEN
        左移 =1
        上移 =0
    ENDIF
    IF 计时时间 >44   THEN
```

```
        计数器脉冲 = 1
        左移 = 0
        定时器复位 = 1
        放松 = 0
        垂直移动量 = 0
        水平移动量 = 0
        物料到位标志 = 0
        复位标志 = 1
    ENDIF
ENDIF
```

（4）机械手系统停止程序段。

```
IF 定时器启动 = 0 THEN
    下移 = 0
    上移 = 0
    左移 = 0
    右移 = 0
ENDIF
```

脚本程序编辑完成，保存操作。

2）系统整体调试

按下键盘上的 F5 键或"运行"按钮 ▤，进入组态运行环境，观察机械手系统完整的动作过程。输入物块总数为"3"，单击"启动"按钮后，启动指示灯亮，机械手下滑杆开始下移，下移指示灯亮，5 s 后下移结束，下移指示灯灭，同时夹紧指示灯亮，夹紧状态保持 2 s 后，夹紧灯灭，上移指示灯亮，下滑杆带动物块上升 5 s 后，上移指示灯灭，右移指示灯亮，机械手系统开始带动物块右移，右移 10 s 后，右移指示灯灭，下移指示灯亮，下移 5 s 后，下移指示灯灭，放松指示灯亮，物块运送到指定位置，放松状态保持 2 s 后，放松指示灯灭，上移指示灯亮，下滑杆开始上移，5 s 后上移结束，上移指示灯灭，左移指示灯亮，机械手系统开始左移，10 s 后系统回到原点位置，已搬运物块数显示为"1"，系统自动进入下一轮执行周期。执行 3 次以后，系统自动回到原位停止。

只要系统处于运行状态，在任意时间单击一次"停止"按钮，系统暂停，再次单击"停止按钮"，系统继续运行。在任意时间单击"复位"按钮，系统自动回到原位停止，只有再次启动，系统才能再次运行。

如果观察到的结果与上述不符，检查脚本程序，分析原因，修改后继续运行，直到结果正确为止。

2.3.5　项目总结与评价

本项目以生产搬运机械手组态工程为例，详细描述了组态工程的制作与调试过程。其内容涉及工程制作的 7 个关键环节，即工程分析、新建工程、定义数据对象、制作工程画面、动画连接、循环策略组态、整体调试，并将理论知识点融入其中。通过这个工程项目的制作与学习，希望读者能熟练掌握组态工程设计、制作的方法与技巧。本项目评价可参考表2.3.3。

表2.3.3 生产搬运机械手监控系统自我评价

评价内容	评价标准	分值	得分	有待提高部分
数据库变量的建立	变量的数据类型正确，不缺项	10分		
组态界面的制作	画面美观，不缺项	10分		
界面动画连接	动画效果正确显示	20分		
控制程序设计	构件策略使用正确，运行动态效果正确	20分		
定时器设计	定时器构件使用正确	10分		
计数器设计	计数器构件使用正确	10分		
项目整体调试	整体运行效果符合要求	20分		
项目收获				

2.3.6 问题与思考

（1）MCGS组态环境的工作台由哪几部分组成？各有何功能？

（2）你对MCGS组态中的定时器策略构件了解多少？与定时器工作相关的参数有哪些？

（3）如何编辑制作带有可见度动画效果和闪烁动画效果的"指示灯"图符？

（4）什么是图符的显示输出属性？它在什么情况下使用？

（5）什么是图符的位置动画连接？通过位置动画连接可实现哪些动画效果？

（6）如何利用某个数据对象值的变化控制其他数据对象值的变化？

（7）在机械手组态中，左滑杆的水平伸缩效果是如何实现的？属性设置窗口的相关参数如何计算？

（8）在机械手组态中，物料块的水平移动效果是如何实现的？属性设置窗口的相关参数如何计算？

（9）为什么要将循环策略执行周期修改为200 ms？

（10）如何删除多余的数据对象？

实践项目2.3 电动大门监控系统设计

1. 控制要求

（1）门卫在警卫室通过操作开门按钮、关门按钮和停止按钮控制大门。

（2）当门卫按下开门按钮后，报警灯开始闪烁，提示所有人员和车辆注意。5 s后，门开始打开，当门完全打开时，门自动停止，报警灯停止闪烁。

（3）当门卫按下关门按钮时，报警灯开始闪烁。5 s 后，门开始关闭，当门完全关闭后，门自动停止，报警灯停止闪烁。

（4）在门运动的过程中，任何时候只要门卫按下停止按钮，门马上停止在当前位置，报警灯停闪。

（5）在关门的过程中，只要门夹住人或物品，门立即停止运动，以防止伤害。

2. 参考界面

电动大门监控系统参考用户窗口如图 2.3.41 所示。

图 2.3.41　电动大门监控系统用户窗口

项目四　交通灯监控系统设计

2.4.1　项目导入

1. 学习目标

（1）了解交通灯监控系统的基本知识；

（2）熟悉交通灯监控系统的硬件组成；

（3）掌握组态画面的制作方法；

（4）掌握数据库的定义和属性设置；

（5）掌握组态画面的动画连接；

（6）掌握实现工艺要求的脚本程序设计和调试；

（7）掌握组态与 PLC 的设备连接方法和接口分配；

（8）掌握虚拟仿真和设备连接实时监控的调试步骤。

2．项目描述

交通灯监控系统主要完成对交通信号的有序控制，确保行车安全，通常采用单片机或 PLC 加组态实现单路口控制，也可实现多个路口的网络控制，具体构架如图 2.4.1 所示。本项目主要完成 PLC 和 MCGS 组态的单路口控制，可通过下位机 PLC 和上位机组态实现对交通灯的实时监控，并可根据不同路口的具体情况，实现行车时间的桌面设置和监控，以保证交通灯监控系统安全和高效。

图 2.4.1　交通灯监控系统示意

用 S7－200 编程实现交通灯监控，用 MCGS 组态软件实现在线监控和参数设置，具体控制要求如下：

（1）按下启动按钮，先南北方向允许行车，东西方向禁止行车，运行时间设定初值为 10 s，期间绿灯亮 6 s，之后黄灯闪烁 4 s，再进行东西方向行车允许并控制南北方向行车禁止，运行时间设定初值为 10 s，期间绿灯亮 6 s，之后黄灯闪烁 4 s，完成一个周期后自动循环。

（2）按下停止按钮，系统全部复位，所有输出为零。

（3）组态画面中可以随时设置各个方向的运行时间和闪烁提示时间，并将该参数送入 PLC，实现实时控制。

（4）可完成 PLC 控制和组态控制两种方式的组态监控。

交通灯运行规律示意如图 2.4.2 所示。

图 2.4.2　交通灯运行规律示意

2.4.2　项目资讯

1. 设备窗口的概念

设备窗口是 MCGS 系统的重要组成部分，负责建立系统与外部硬件设备的连接。在系统运行过程中，设备构件由设备窗口统一调度管理，通过通道连接，向实时数据库提供从外部设备采集到的数据，再由实时数据库将控制命令输出到外部设备，以便进行控制运算和流程调度，实现对设备工作状态的实时检测和对工业过程的自动控制。

在 MCGS 单机版中，一个用户工程只允许有一个设备窗口。运行时，由主控窗口负责打开设备窗口，而设备窗口是不可见的，在后台独立运行，负责管理和调度设备构件的运行。

MCGS 对设备的处理采用了开放式的结构，在实际应用中，可以很方便地定制并增加所需的设备构件，不断充实设备工具箱。MCGS 将逐步提供与国内外常用的工控产品相对应的设备构件，同时，MCGS 也提供了一个接口标准，以方便用户用 Visual Basic 或 Visual C ++ 等编程工具自行编制所需的设备构件，装入 MCGS 的设备工具箱内。另外，MCGS 提供了一个高级开发向导，自动生成设备驱动程序的框架。MCGS 设备驱动分类如图 2.4.3 所示。

MCGS设备驱动分类方法

图 2.4.3　MCGS 设备驱动的种类

进行设备窗口的组态工作时，首先要添加所用设备的驱动程序到设备工具箱，然后将该设备放置到 MCGS 的"设备窗口"中。在窗口内设置该设备的"基本属性"，并完成"通道连接""设备调试"和"数据处理"的工作。下面以连接西门子 S7 – 200 系列 PLC 为例介绍设备窗口的组态。

2. 设备窗口的组态

单击工作台中的"设备窗口"选项卡,双击"设备窗口"图标,进入设备组态窗口,鼠标右键单击空白处,选择"设备工具箱",打开设备工具箱,首先在设备工具箱中选择"通用串口父设备",然后再选择"西门子 S7 – 200PPI"设备,如图 2.4.4 所示。

图 2.4.4 添加 PLC 设备

如果设备工具箱为空,则可以单击"设备工具箱"上面的"设备管理"按钮,打开设备管理器,如图 2.4.5 所示,在设备管理器中找到需要添加的设备,单击"增加"按钮,即可将设备添加到右侧的设备工具箱中,单击"确认"按钮保存。

图 2.4.5 设备管理器

双击"通用串口父设备",打开其属性编辑窗口,基本属性设置如图 2.4.6(a)所示。双击"S7 – 200PPI"设备,其基本属性设置如图 2.4.6(b)所示。

若要实现 PLC 和组态的控制,还需要在 PLC 设备的"通道连接"中,将组态软件实时数据库中的变量与 PLC 中的地址连接在一起,通过 PLC 编写下位机程序才可以实现。具体链接方法将在"项目实施"中详细介绍。

（a）　　　　　　　　　　　　　　　（b）

图 2.4.6　MCGS 与西门子 S7 – 200 系列 PLC 通信参数设置

（a）串口父设备基本属性设置；（b）PLC 设备基本属性设置

2.4.3　项目分析

在开始组态工程之前，先对该项目进行剖析，以便从整体上把握工程的结构、流程、需实现的功能以及如何实现这些功能。

1. 工程框架分析

交通信号灯系统由 PLC 编程控制运行，系统设置一个启动按钮，负责交通灯的启动运行控制，设置一个停止按钮，负责停止控制，并通过 MCGS 实现交通灯系统运行的监控。初步确定的组态监控工程框架如下：

（1）需要一个用户窗口及实时数据库。

（2）需要一个循环策略。

（3）循环策略中使用定时器构件、计数器构件及脚本程序构件。

2. 图形制作分析

（1）新建交通灯监控系统窗口。

（2）绘制道路、交通灯及汽车等组件并完成动画连接。

（3）添加"启动""停止""定时"及"方式"按钮并完成动画连接。

3. 数据对象分析

通过对交通灯监控要求的分析，确定系统所需数据对象 15 个，见表 2.4.1。

表 2.4.1　交通灯监控系统定义数据对象表

序号	对象名称	类型	初值	注释
1	启动	开关型	0	控制交通灯系统启动运行，1 有效
2	停止	开关型	0	控制交通灯系统停止运行，1 有效

序号	对象名称	类型	初值	注释
3	定时到	开关型	0	表示定时器状态，1表示计时时间到时器状态，1表示计时时间到
4	定时复位	开关型	0	控制定时器复位，1有效
5	定时启动	开关型	0	控制定时器启动，1启动，0停止
6	东西黄	开关型	0	控制东西方向黄灯运行，1点亮，0熄灭
7	东西红	开关型	0	控制东西方向红灯运行，1点亮，0熄灭
8	东西绿	开关型	0	控制东西方向绿灯运行，1点亮，0熄灭
9	南北黄	开关型	0	控制南北方向黄灯运行，1点亮，0熄灭
10	南北红	开关型	0	控制南北方向红灯运行，1点亮，0熄灭
11	南北绿	开关型	0	控制南北方向绿灯运行，1点亮，0熄灭
12	定时当前值	数值型	0	表示定时器当前值
13	定时设定值	数值型	0	表示设定的计时时间
14	东西数值	数值型	0	控制东西路上汽车的移动
15	南北数值	数值型	0	控制南北路上汽车的移动

2.4.4　项目实施

1. 新建工程

首先进入桌面 MCGS 通用版的组态环境界面，选择"文件"菜单中的"新建工程"命令，并保存新工程。保存时，可选择更改工程文件名为"交通灯演示工程"，默认保存路径为"D:\MCGS\WORK\交通灯演示工程"，如图 2.4.7 所示。保存完成后即可进行下一步——数据对象定义。

2. 定义数据对象

1）在实时数据库中添加数据对象

打开工作台的"实时数据库"选项卡，如图 2.4.8 所示，单击"新增对象"按钮，在数据对象列表中，增加新的数据变量。

图 2.4.7　新建"交通灯演示工程"组态工程

图 2.4.8　"实时数据库"选项卡

2）数据对象的属性设置

选中实时数据库中的新增数据对象"Data1"，单击"对象属性"按钮，或直接双击"Data1"，打开"数据对象属性设置"对话框。将"对象名称"更改为"启动"，将"对象初值"设为"0"，"对象类型"选为"开关"型，在"对象内容注释"文本框内输入"控制交通灯系统启动运行，1 有效"，单击"确认"按钮，如图 2.4.9 所示。

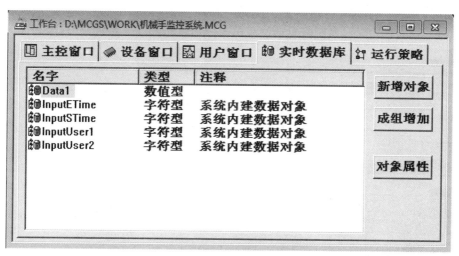

图 2.4.9 新增数据对象

同理，按照上述方法，将交通灯监控系统数据对象（表 2.4.1）中列出的所有变量添加到实时数据库中，并按照表 2.4.1 中所给的对象名称、数据对象类型、对象初值等对每个数据对象进行属性设置。定义好的实时数据库如图 2.4.10 所示。

图 2.4.10 在实时数据库中初步定义的数据对象

3. 监控画面的设计及组态

1）用户窗口的建立

进入 MCGS 组态的工作台，打开"用户窗口"选项卡，如图 2.4.11 所示。新建一个名为"交通灯控制"的用户窗口；设置窗口位置为"最大化显示"，其他属性设置保持不变，点击"确认"按钮。用鼠标右键单击"交通灯控制"窗口名，点击"设置为启动窗口"，当进入 MCGS 运行环境时，系统将自动加载该窗口。启动窗口设置如图 2.4.12 所示。

图 2.4.11 "用户窗口属性设置"对话框 　　　图 2.4.12 启动窗口设置

2）制作文字标签

选中"创库"图标，单击动画组态，进入动画组态窗口，开始编辑画面。单击工具条中的"工具箱"按钮 🛠 ，打开绘图工具箱，选择工具箱内的"标签"按钮 Ａ ，鼠标的光标呈现"十"字形，在窗口顶端中心位置拖曳鼠标，根据需要拉出一个一定形状的矩形，在光标中心闪烁位置输入文字"交通灯监控系统"，按 Enter 键或在窗口任意位置用鼠标点击一下，文字输入完毕。如果需要修改输入文字，则单击已输入的文字，然后敲击Enter 键就可以进行编辑，也可以单击鼠标右键，弹出下拉菜单，选择"改字符"。选中文字框，作如下设置：单击"填充色"按钮 🖌 ，设定文字框背景为"没有填充"，点击"线色"按钮 🖌 ，设置文字框边线的边线颜色。

3）按钮图符的绘制

使用绘图工具箱中的"标准按钮"工具 ⬜ ，分别画两个按钮。将两个按钮的标题分别更改为"启动"和"停止"。对字体及字体颜色进行设置，对齐方式均采用"中对齐"，按钮类型均为"标准 3D 按钮"。用同样的方法绘制"方式一""方式二"及"当前值"按钮。

4）编辑绘制道路。

使用绘图工具箱中的"折线"工具 ⬜ ，可编辑绘制南北路和东西路，并填充颜色为"蓝色"。编辑绘制"南北路交通灯"图符。使用绘图工具箱的"折线"工具 ⬜ ，采用"画图"→"调整大小"→"填充颜色"的方法，可以绘制出交通灯柱。

5) 编辑绘制"南北路交通灯"图符。

（1）绘制"红灯"图符。

使用绘图工具箱中的"椭圆"工具 ⬭ ，采用"画图"→"调整大小"→"填充颜色"的方法，先画一个大小合适，颜色为灰色的圆；再使用"椭圆"工具 ⬭ ，采用同样的方法画出一个大小相同，颜色为红色的圆；双击"红色圆"图符，进入其"动画组态属性设置"对话框，选中"可见度"复选框，打开"可见度"选项卡，在"表达式"文本框中输入"@开关量"，选中"确认"按钮退出。将两个圆采用"中心对齐"的方式叠放在一起，红色的圆叠放在上层，同时选中两个圆，在"排列"菜单中选择"合成单元"命令进行组合，"红灯"图符绘制完成。

（2）绘制"绿灯"图符。

采用对"红灯"组合图符进行"复制"→"粘贴"→"修改颜色"的方法即可。

（3）绘制"黄灯"图符。

除了"可见度"属性外，还需闪烁，因此在绘制时，对"红灯"组合图符采用"复制"→"粘贴"→"修改颜色"→"分解单元"→"增加闪烁效果属性"→"再合成单元"的方法。

将编辑好的3个交通灯图符"等间距"排列于"交通灯柱"图符上，同时选中"灯柱"和"灯"，在"排列"菜单中选择"合成单元"命令进行组合，"交通灯"图符绘制完成。

（4）编辑绘制"东西路交通灯"图符。

参考"南北路交通灯"图符的编辑方法即可绘制"东西路交通灯"图符的画法。

6) 装载"汽车"图符

搜集合适的汽车卡通图片，使用绘图工具箱中的"位图"工具，将汽车图片装载到组态画面中，然后调整至合适大小和位置。

7) 动画连接

（1）"启动"和"停止"按钮的动画连接。

双击"启动"按钮，在弹出的"标准按钮构件属性设置"对话框中，单击"操作属性"标签，打开该选项，选中"数据对象操作"复选框，并在右侧第一个下拉列表框中选择"取反"操作。具体如图2.4.13所示。

单击图2.4.13中"数据对象值操作"后第二个列表框中的"？"按钮，在实时数据库中选择"启动"变量，再单击"确认"按钮退出。使用同样的方法在"停止"按钮的"操作属性"选项卡中，选中"数据对象值操作"复选框，在第一个下拉列表框中选择"取反"操作，在第二个下拉列表框中选择实时数据库中的"停止"变量，变成"停止"按钮的动画连接。

（2）道路交通灯的动画连接。

双击"南北路交通灯"组合图符，弹出"单元属性"对话框，单击"动画连接"标签，打开该选项卡，可以看到交通灯组合图符的三个文本框都有"可见度"和"显示输出"两种属性。组合图符中的红色信号灯和绿色信号灯具有"可见度"属性，黄色信号灯具有"闪烁效果"和"可见度"两种属性。

图2.4.13　"标准按钮构件属性设置"对话框

单击"图元名"标签，单击后面弹出的"＞"按钮，打开"动画组态属性设置"对话框的"属性设置"选项卡，从"静态属性"的字符颜色，可以判断出选中图元的交通信号灯的颜色。在图2.4.14中选中图元的"静态属性"中"填充颜色"为红色，则选中的为红色信号灯。

图2.4.14　"动画组态属性设置"对话框

在"动画组态属性设置"标签下，单击"可见度"标签，打开"可见度"选项卡，具体设置如图2.4.15所示。使用同样的方法对绿灯文本框的"可见度"属性进行设置，其关联的数据对象为"南北绿灯"。

本项目中的黄色交通灯需要设置闪烁效果。进入"动画组态属性设置"，首先从"静态属性"的填充颜色判断是否为黄色，在"特殊动画连接"中勾选"可见度"和"闪烁效果"两项，选项卡中会出现"闪烁效果"，打开"闪烁效果"选项卡，在表达式中填入"南北黄"，"闪烁实现方式"选择"用图元可见度变化实现闪烁"，"闪烁速度"选择

图2.4.15　交通灯"可见度"选项卡的设置

"快"。选项可设置如图2.4.16所示。然后参考图2.4.15设置可见度。单击"可见度"标签，打开"可见度"选项卡，在表达式文本框中输入数据对象"南北黄灯"。在选项卡中下部选择"当表达式非零时"，勾选"对应图符可见"，单击"确认"按钮，返回到"动画连接"选项卡。

图2.4.16　黄色交通灯"闪烁效果"选项卡的设置

东西路交通灯的设置参考南北路交通灯的设置方法和步骤进行。在对东西路红灯和绿灯"可见度"属性设置中，关联数据对象分别为"东西红灯"和"东西绿灯"；在对东西路黄灯的"闪烁效果"和"可见度"的属性设置中，关联数据对象分别为"东西黄灯闪烁"和"东西黄灯"。画面中的12个灯对应6个开关量，可按要求设置可见度或闪烁方式。

（3）汽车的动画连接。

双击南北路南向车辆，进入"动态组态属性设置"对话框，打开"属性设置"选项卡，选择"位置动画连接"中的"垂直移动项"，然后打开"垂直移动"选项卡设置参数。用同样的方法对南北路北向车辆进行垂直移动属性设置，具体参数设置如图2.4.17所示。

图 2.4.17 "垂直移动"选项卡的设置

双击东西路西向的车辆，进入"动画组态属性设置"对话框，打开"属性设置"选项卡，选择位置动画连接中的"水平移动"项，打开"水平移动"选项卡，进行参数设置，用同样的方法设置东西路东向车辆进行设置水平移动属性设置，参数设置如图2.4.18所示。

图 2.4.18 "水平移动"选项卡的设置

需要说明的是：水平移动和垂直移动所连接的表达式为数据库对象名称，类型为数值型，其中表达式的值为该数据的数值范围，最大和最小偏移量为屏幕尺寸距离，与屏幕设置有关（通常屏幕设置为 1 024 ×768）。

图 2.4.19 所示为时钟显示、方式设置、按钮操作、显示输出，其中时钟显示连接变量为系统时钟，方式设置按钮控制各个方向的行车时间，按钮操作控制系统启动停止，显示输

出用于监视定时器状态。具体设置如图 2.4.20 所示。

图 2.4.19　时钟、方式、按钮及显示输出界面显示

（a）

（b）

（c）

（d）

图 2.4.20　时钟、按钮动画组态属性设置

完成的交通灯监控系统界面如图 2.4.21 所示。

图 2.4.21　交通灯监控系统参考组态画面

4. 脚本程序设计

本项目的动画连接完成后，即可进行组态程序设计，该程序设计需要根据交通灯控制要求编制脚本程序，程序中涉及简单的脚本语言和定时器构件，下面进行简单陈述。

首先单击主控窗口的"运行策略"，双击"循环策略"，打开循环策略组态窗口，双击左上角的"按照设定的时间循环运行"图标 ，进入循环策略属性设置窗口，将循环策略执行方式中的"定时循环执行，循环时间"修改为 100 ms，如图 2.4.22（a）所示，新增两个策略行，分别添加脚本程序和定时器构件，如图 2.4.22（b）所示。其中定时器构件的设置如图 2.4.22（c）所示。

（a）

图 2.4.22　组态程序设计页面

（b）

（c）

图 2.4.22 组态程序设计页面（续）

说明：

（1）启动、退出、循环策略可根据系统的要求有选择地使用，其中启动策略为进入系统一次性完成的初始化工作，退出策略为退出系统时的完成工作，循环策略为周期运行的程序，本项目选择 100 ms 为一个循环周期。

（2）定时器基本属性窗口中共 5 个可选设置，注意设定值和当前值必须为数值型变量，其他则为开关型变量。

参考脚本程序如下：

```
IF 停止 = 1 THEN
    东西红 = 0
    东西绿 = 0
    东西黄 = 0
    南北红 = 0
```

```
        南北绿 = 0
        南北黄 = 0
        定时启动 = 0
        定时复位 = 1
        东西数值 = 0
        南北数值 = 0
        启动 = 0
    ENDIF
    IF 启动 = 1 THEN
        定时启动 = 1
        定时复位 = 0
        IF 定时当前值 >0 AND 定时当前值 < = A THEN
            东西红 = 1
            南北绿 = 1
            南北数值 = 南北数值 + 0.6
        ELSE
            南北绿 = 0
        ENDIF
        IF 定时当前值 >A AND 定时当前值 < = B THEN
            南北黄 = 1
            南北数值 = 南北数值 + 0.7
        ELSE
            南北黄 = 0
        ENDIF
        IF 定时当前值 >B AND 定时当前值 < = C THEN
            南北红 = 1
            东西绿 = 1
            东西红 = 0
            东西数值 = 东西数值 + 0.6
        ELSE
            东西绿 = 0
        ENDIF
        IF 定时当前值 >C AND  定时当前值 < = D THEN
            东西黄 = 1
            东西数值 = 东西数值 + 0.7
        ELSE
            东西黄 = 0
        ENDIF
```

```
    IF 定时当前值 > D THEN
        定时启动 = 0
        南北红 = 0
        定时复位 = 1
        东西数值 = 0
        南北数值 = 0
    ENDIF
ENDIF
```

5. 设备连接

本项目可用 S7 - 200PLC 对组态下位机实施外部控制，也可使用 MCGS 脚本控制，硬件连接电路如图 2.4.23 所示，PLC 的输入/输出地址分配见表 2.4.2。

图 2.4.23　S7 - 200PLC 硬件连接电路

表 2.4.2　交通灯 PLC 的地址分配

输入部分			输出部分		
序号	地址	设备及功能	序号	地址	设备及功能
1	I0.0	启动按钮	1	Q0.1	东西红
2	I0.1	停止按钮	2	Q0.2	南北绿
			3	Q0.3	南北黄
			4	Q04	南北红
			5	Q0.5	东西绿
			6	Q0.6	东西黄

下面说明组态与 PLC 设备的通信连接设置。进入组态环境，点击主控窗口的设备窗口，并点击"设备组态"，再点击鼠标右键，将设备工具箱显示于窗口，再点击"设备管理"，这时将出现图 2.4.24 所显示的界面。再点击"用户定制设备"下的"通用串口父设备"，并将其增加进来，如图 2.4.24 右侧所示。选好父设备后，再找到 PLC 子设备中的 S7 – 200PPI，将其增加进来。

图 2.4.24　PLC 设备的通信连接设置

父设备的设置：点击父设备属性，如图 2.4.25 所示，选择串口 COM1，校验方式为偶校验。子设备的设置：点击子设备属性中的"设备调试"，如出现 0 通道的通道值为"0"，说明通信成功，即可进入数据连接过程。

（a）　　　　　　　　　　　　　（b）

图 2.4.25　父设备属性设置

数据连接过程：先点击内部属性右侧（图2.4.25右侧图），之后点击"增加通道"，通道类型分为四种，包括I输入、Q输出、M中间寄存器，V为数据存储器，每个通道变量可进行只读、读写、只写设置，具体如图2.4.26所示。

图2.4.26　"增加通道"对话框

通道选择完成后，还要进行通道连接，以实现外部变量与组态数据库变量的一一对应，一些设置如图2.4.27所示。

（a）　　　　　　　　　　　　　　　（b）

图2.4.27　通道连接设置

设备和通道连接成功后，即可进行组态监控，首先是PLC程序，之后进入组态运行环境，在调试过程中，需针对画面动作过程和PLC控制过程进行同步时间调整，尽量做到仿真同步（包括开关量动作、运行画面动作）。

6. 下位机程序设计

按照上述接口分配，可参考图2.4.28进行编程和下载调试。

图 2.4.28　编程和调试

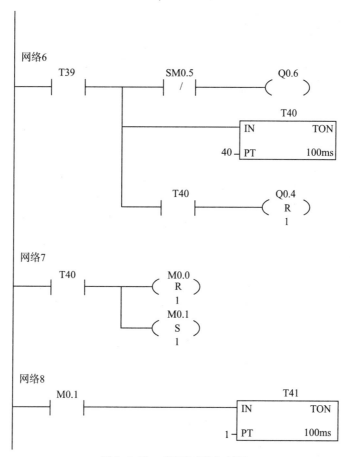

图 2.4.28　编程和调试（续）

2.4.5　项目的总结与评价

　　本项目重点学习简单画面的制作、开关量动画的连接、图素的水平和垂直移动、定时器构件的操作、基本脚本编程、PLC 设备的开关量连接、项目的调试过程等内容。本项目评价可参考表 2.4.3。

表 2.4.3　交通灯监控系统自我评价

评价内容	评价标准	分值	得分	有待提高部分
数据库变量的建立	变量的数据类型正确，不缺项	10 分		
组态界面的制作	画面美观，不缺项	10 分		
界面动画连接	动画效果正确显示	10 分		
控制程序设计	构件策略使用正确，运行动态效果正确	10 分		
设备连接	设备组态正确，通信正常	15 分		
数据变量连接	下位机与上位机变量连接正确	15 分		

评价内容	评价标准	分值	得分	有待提高部分
下位机程序设计	PLC 程序编译正确、调试正确	10 分		
项目整体调试	整体运行效果符合要求	20 分		
项目收获				

2.4.6　问题与思考

（1）定时器如何实现暂停功能？

（2）如何实现 PLC 控制，组态监控功能？

（3）如何实现组态脚本程序的控制？

（4）如何使用定时器构件实现交通灯的模拟控制监控？

（5）如何实现设备的组态，如何将设备与西门子 PLC 建立连接？

（6）如何将下位机程序中的变量与组态软件中的变量连接？

实践项目 2.4　自动生产线供料单元监控系统设计

1. 控制要求

用 S7 - 200 编程实现供料单元自动控制，用 MCGS 组态软件实现在线监控和参数设置，可采用两种方法完成：①用 PLC 实现输出控制，用组态实现动作模拟和实时信号监控；②用组态软件实现信号控制和动作仿真。设计界面如图 2.2.29 所示。

图 2.4.29　设计界面

具体控制要求如下：

（1）系统运行之前，需确保气动系统正常，机械手复位状态，系统处于复位状态。

（2）系统复位后，按下"启动"按钮，系统进入工作状态：

第1步：顶料置位，当检测到顶料传感器到位后进入第2步；

第2步：推料置位，当检测到推料传感器到位后进入第3步；

第3步：推料复位，当检测到推料传感器复位后进入第4步；

第4步：顶料复位，当检测到顶料传感器复位后进入第5步；

第5步：若检测到料仓有料且供料次数不够，进入第1步。

（3）PLC实现上诉逻辑控制的过程中，需组态完成运行过程的在线监控和动作模拟，并可用组态桌面进行供料数量的设定，以控制PLC的逻辑动作次数。

2. 参考界面

供料站监控画面如图2.4.30所示。

图2.4.30　供料站监控画面

项目五　水位控制工程监控系统模拟

2.5.1　项目导入

1. 学习目标

（1）熟练使用MCGS通用版软件组建工程的一般步骤；

（2）熟练水位控制工程监控系统的画面设计及动画连接方法；

（3）掌握模拟设备的连接及设置；

（4）掌握报警显示的定义及组态；

（5）掌握历史曲线和实时曲线的定义及组态；

（6）熟练脚本程序编程；

（7）掌握定义报警及其实现方法。

2. 项目描述

水位控制工程由2个水罐、1个水泵、1个调节阀、1个出水阀及部分管路组成，如图2.5.1所示。要求实现以下功能：

（1）当水罐1的水位小于9时，水泵开启，否则水泵关闭；

（2）当水罐2的水位小于1时，出水阀关闭，否则出水阀开启；

（3）当水罐1的水位大于1，水罐2的水位小于6时，调节阀开启；

（4）水罐水位在组态界面实时监控；

（5）能够实现水泵、调节阀、出水阀及管道运行状态监控；

（6）实现水罐水位的高低限报警输出及打印，其中高低限报警值可在组态界面上设置，同时有指示灯动画显示；

（7）能够监控水罐水位的实时曲线及历史变化趋势；

（8）能够监控水位实时数据，并能够打印历史数据；

（9）设置管理员权限和操作员权限：管理员具有所有权限，操作员只具有操作水泵的权限。

水位控制工程监控系统如图2.5.1所示。

（a）

图 2.5.1 水位控制工程监控系统

（a）水位监控画面

（b）

报警信息浏览

序号	报警对象	报警开始	报警结束	报警类型	报警值	报警限值	报警应答	内容注释
1	水位2	05-30 00:34:59	05-30 00:35:01	下限报警	1.0	1		水罐2没水了
2	水位1	05-30 00:35:02	05-30 00:35:03	上限报警	9.2	9		水罐1已达上限
3	水位2	05-30 00:35:03	05-30 00:35:07	上限报警	4.0	4		水罐2已达上限
4	水位1	05-30 00:35:06	05-30 00:35:09	下限报警	1.0	1		水罐1没水了
5	水位2	05-30 00:35:09	05-30 00:35:11	下限报警	1.0	1		水罐2没水了
6	水位1	05-30 00:35:11	05-30 00:35:14	上限报警	9.2	9		水罐1已达上限
7	水位2	05-30 00:35:13	05-30 00:35:17	上限报警	4.0	4		水罐2已达上限
8	水位1	05-30 00:35:17	05-30 00:35:18	下限报警	0.8	1		水罐1没水了
9	水位2	05-30 00:35:19		下限报警	1.0	1		水罐2没水了
10	水位2	05-30 00:35:28	05-30 00:35:30	下限报警	1.0	1		水罐2没水了
11	水位1	05-30 00:35:30	05-30 00:35:32	上限报警	9.2	9		水罐1已达上限
12	水位2	05-30 00:35:32	05-30 00:35:36	上限报警	4.0	4		水罐2已达上限
13	水位1	05-30 00:35:35	05-30 00:35:37	下限报警	1.0	1		水罐1没水了
14	水位2	05-30 00:35:37	05-30 00:35:40	下限报警	1.0	1		水罐2没水了
15	水位1	05-30 00:35:40	05-30 00:35:42	上限报警	9.1	9		水罐2已达上限
16	水位2	05-30 00:35:42	05-30 00:35:46	上限报警	4.0	4		水罐2已达上限
17	水位1	05-30 00:35:45	05-30 00:35:47	下限报警	0.8	1		水罐1没水了
18	水位2	05-30 00:35:48	05-30 00:35:50	下限报警	1.0	1		水罐2没水了
19	水位1	05-30 00:35:50	05-30 00:35:52	上限报警	9.0	9		水罐1已达上限
20	水位2	05-30 00:35:52	05-30 00:35:56	上限报警	4.0	4		水罐2已达上限
21	水位1	05-30 00:35:55	05-30 00:35:57	下限报警	0.9	1		水罐1没水了
22	水位2	05-30 00:35:57	05-30 00:36:00	下限报警	1.0	1		水罐2没水了
23	水位1	05-30 00:36:00	05-30 00:36:02	上限报警	9.2	9		水罐1已达上限
24	水位2	05-30 00:36:02	05-30 00:36:06	上限报警	4.0	4		水罐2已达上限
25	水位1	05-30 00:36:05	05-30 00:36:07	下限报警	1.0	1		水罐1没水了
26	水位2	05-30 00:36:07	05-30 00:36:10	下限报警	1.0	1		水罐2没水了
27	水位1	05-30 00:36:10	05-30 00:36:12	上限报警	9.0	9		水罐1已达上限
28	水位2	05-30 00:36:12	05-30 00:36:16	上限报警	4.0	4		水罐2已达上限
29	水位1	05-30 00:36:15	05-30 00:36:17	下限报警	0.9	1		水罐1没水了
30	水位2	05-30 00:36:18	05-30 00:36:20	下限报警	1.0	1		水罐2没水了
31	水位1	05-30 00:36:20	05-30 00:36:22	上限报警	9.2	9		水罐1已达上限
32	水位2	05-30 00:36:22	05-30 00:36:26	上限报警	4.0	4		水罐2已达上限

报警记录次数　156　　　　　　　　　设置[S]　打印[P]　退出[X]

（c）

图2.5.1　水位控制工程监控系统（续）

（b）数据显示画面；（c）历史数据报警信息

2.5.2 项目资讯

1. 输入框构件

输入框的作用是在 MCGS 运行环境下使用户从键盘输入信息，通过合法性检查之后，将它转换适当的形式，赋给实时数据库中所连接的数据对象。输入框同时可以作为数据输出的器件，显示所连接的数据对象的值。

输入框具有激活状态和不激活状态两种工作模式。在 MCGS 运行环境中，当输入框处于不激活状态时，其作为数据输出用的窗口，将显示所连接的数据对象的值，并与数据对象的变化保持同步；如果在 MCGS 运行环境中单击输入框，可使输入框进入激活状态，此时可以根据需要输入对应变量的数值。

输入框的属性设置包括基本属性、操作属性和可见度属性。基本属性可以设定输入框的外观、边框和和字体的对齐方式等，操作属性用来指定输入框对应的数据变量和其取值范围，可见度属性用来设定运行时输入框的可见度条件。

输入框具有可见与不可见两种状态。当指定的可见度表达式被满足时，呈现可见状态，此时单击输入框，可激活它。当不满足指定的可见度表达式时，输入框处于不可见状态，不能向输入框中输入信息，此例不设置可见度属性，表示该输入框始终处于可见状态。

2. 流动块构件

流动块构件是用于模拟管道内气体或液体流动的动画构件，分为两部分：管道和位于管道内部的流动块。流动块构件的管道可以显示为三维或平面的效果，当使用三维效果时，管道使用两种颜色（填充颜色和边线颜色）进行填充。在 MCGS 组态环境下，管道内部的流动块是静止不动的，但在 MCGS 运行环境下，流动块可以按照用户的组态设置从构件的一端向另一端流动。流动块的属性设置分为基本属性、流动属性和可见度属性。

基本属性的设置包括：管道外观、管道宽度、填充颜色、边线颜色和流动块颜色、长度、宽度、间隔、流动方向、流动速度等。在该工程中，为了整体的构图，需要选择流动块颜色为红色，选择管道的填充颜色和边线颜色为浅灰色和灰色。在该窗口中，因为绘制的液体管路的排放方向是向右的，所以流动块的流动方向选择"从左向右"，管道的宽度可以直接在属性设置的对话框中进行更改，也可以在用户窗口中用鼠标拖动构件进行更改。基本属性的其他参数为默认设置，如图 2.5.2 所示。

3. 报警显示构件

报警显示构件专用于实现 MCGS 系统的报警信息管理、浏览和实时显示的功能。该构件直接与 MCGS 系统中的报警子系统相连接，将系统产生的报警事件显示给用户。报警显示构件在可见的状态下，将系统产生的报警事件逐条显示出来。在 MCGS 运行时，每条报警事件中将显示报警时间、对应的数据对象名、报警类型、报警事件、数据对象的当前值、数据对象的界限值和报警描述。报警类型包括上限报警、上上限报警、下限报警、下下限报警、下偏差报警和上偏差报警和开关量报警等。报警事件包括报警产生、报警结束和报警应答；报警描述显示数据对象报警的描述信息。

该构件的可见度设置包括可见与不可见两种显示状态。对于锅炉控制系统中的液位报警信息可不设定其可见度条件，即在任何情况下均显示该构件。

图2.5.2　"流动块构件属性设置"对话框

4. 仪表盘构件

仪表盘构件包括旋转仪表和旋转输入器。

旋转仪表是模拟旋转式指针仪表的一种动画图形，用来显示所连接的数值型数据对象的值。旋转仪表的指针随数据对象值的变化而不断改变位置，指针所指向的刻度值即所连接的数据对象的当前值。其属性设置包括基本属性、刻度与标注属性、操作属性和可见度属性。基本属性可以指定指针的颜色、填充颜色、圆边的颜色和线性、指针边距和宽度，也可以装载个性的背景图。刻度与标注属性可设定旋转仪表的刻度表示方法，包括颜色、分度、字体等，标注显示的方式和位置。操作属性可以设定其对应的数据对象、旋转仪表的跨度范围和旋转仪表的整个显示跨度与数据对象值的关系。可见度属性设置该构件的可见度条件。

MCGS的动画构件中还包括选转输入器，它用来数据对象的显示。在运行时，用户不能改变对应数据对象的值。与旋转仪表不同的是，旋转输入器在运行时用来对工程中的指定数据对象进行赋值。在MCGS运行环境下，当鼠标位于旋转输入器的上方时，光标将变为带方向箭头的形状，表示可以执行旋转操作。当光标位于旋钮的右半边时，为顺时针箭头，表示用户的操作将使旋钮沿顺时针方向旋转；当光标位于旋钮的左半边时，为逆时针箭头，表示用户的操作将使旋钮沿逆时针方向旋转。如果用户单击鼠标左键，旋钮输入器构件将按照用户的要求转动，旋钮上的指针所指的刻度值即所连接的数据对象的值。旋转输入器构件的组态过程与旋转仪表构件基本相同。

5. 滑动输入器构件

这是模拟滑块直线移动实现数值输入的一种动画图形，它使用户能用滑轨来完成改变对应数据对象值的功能。运行时，当鼠标经过滑动输入器构件的滑动块上方时，鼠标指针变为手状光标，表示可以执行滑动输入操作，即按住鼠标左键拖动滑块，改变滑块的位置，进而改变构件所连接的数据对象的值。其属性设置窗口和属性设置的方法与旋转输入器构件类似。

6. 百分比填充构件

百分比填充构件是以变化长度的长条形图来可视化实时数据库中的数据对象。同时，在百分比填充构件的中间，可用数字的形式来显示当前填充的百分比。利用构件可见与不可见的相对长度关系，即可实现按百分比填充的动画效果。

其动画连接属性包括基本属性、刻度与标注属性、操作属性和可见度属性，可以调整百分比显示的颜色，边界类型，三维效果，主划线和次划线的数目、颜色、长度和宽度，标注文字的颜色、字体，标注间隔和标注的小数位位数，填充和表达式的连接关系及可见度设置等。

7. 动画构件

动画按钮是一种特殊的按钮构件，专用于实现类似多挡开关的效果。此构件与实时数据库中的数据对象相连接，通过多幅位图显示对应数据对象的值所处的范围。此构件也可接受用户的按键输入，在规定的多个状态之间切换，以改变所连接的数据对象的值。此构件在可见的状态下，当鼠标移到构件上方时，将变为手状光标，表示可以进行单击鼠标左键的操作。

8. 动画显示构件

动画显示构件用于实现动画显示和多态显示的效果。通过与表达式建立连接，动画显示构件用表达式的值来驱动切换显示多幅位图。在多态显示方式下，构件用表达式的值来寻找分段点，显示指定分段点对应的一幅位图。在动画显示方式下，当表达式的值非零时，构件按指定的频率，循环顺序切换显示所有分段点对应的位图。多幅位图的动态切换显示就实现了特定的动画效果。

9. 自由表格构件

在工程应用中，大多数监控系统需要对数据采集设备采集的数据进行存盘、统计分析，并根据实际情况打印出数据报表。所谓数据报表，就是根据实际需要以一定格式将统计分析后的数据记录显示和打印出来，如实时数据报表、历史数据报表。数据报表在工控系统中是必不可少的一部分，是数据显示、查询、分析、统计、打印的最终体现，是整个工控系统的最终结果输出；数据报表是对生产过程中系统监控对象的状态的综合记录和规律总结。

自由表格的功能是在 MCGS 运行时显示所连接的数据对象的值。自由表格中的每个单元称为表格的表元，可以建立每个表元与数据对象的连接。对没有建立连接的表格表元，构件不改变表格表元内原有的内容。

利用 MCGS 的绘图工具条上的快捷键，可以方便地对表格进行各种编辑工作，包括增加或删除表格的行和列、改变表格表元的高度和宽度、输入表格表元的内容等。双击自由表格，工具条上就会出现图 2.5.3 所示的自由表格编辑快捷键菜单。

图 2.5.3　自由表格编辑快捷菜单

在编辑模式下，可以直接在表格表元中填写字符，如果没有建立此表格表元与数据对象的连接，则运行时这些字符将直接显示出来。如果建立了此表格表元与数据库的连接，则在MCGS 运行环境下，自由表格将显示这些数据对象的实时数据。

10. 历史表格构件

历史表格可以实现强大的报表和统计功能，如显示和打印静态数据、在运行环境中编辑数据。显示和打印动态数据、显示和打印历史记录、显示和打印统计结果等。用户可以在窗口中利用历史表格构件强大的格式编辑功能，配合 MCGS 的画图功能设计出各种精美的报表。

历史表格编辑和显示的设定与自由表格的设置方法类似。历史表格有两种连接模式：一种是用表元或合成表元连接 MCGS 实时数据库变量以实现对指定表格单元进行统计的功能，另一种是用表元或合成表元连接 MCGS 历史数据库以实现对指定历史记录进行显示和统计的功能。这两种连接模式可以通过历史表格的"数据来源"页的设置来实现。数据来源包括"组对象的存盘数据""标准 Access 数据库文件""ODBC 数据库"三种。

2.5.3 项目分析

样例工程定义的名称为"水位控制系统.mcg"工程文件，其由五大窗口组成。本项目总共建立了2个用户窗口，分别为水位控制窗口和数据显示窗口；建立了2个主菜单，分别为报警显示菜单和报表显示菜单。

1. 动画图形的制作

图形元件的实现方法见表 2.5.1。

表 2.5.1 图形元件的实现方法

序号	图形中的元件	实现方法
1	水泵、水箱、阀门	由对象元件库引入
2	管道	工具箱中的流动块
3	旋转式指针仪表	由对象元件库引入
4	水位控制滑块	工具箱中的滑动器
5	报警动画显示灯	由对象元件库引入

2. 运行策略

循环策略：两个水罐液位上下限设计脚本程序、水泵与水罐之间的关联启停控制脚本程序。

用户策略：新建两个用户策略，分别用来报表数据显示和报警数据显示。

3. 设备连接

添加模拟设备，用于提供水位模拟信号。

4. 主控窗口

添加两个菜单，分别用于打开历史报警数据窗口和历史报表数据窗口。

2.5.4 项目实施

1. 建立 MCGS 新工程

双击"MCGS 组态环境"图标，进入 MCGS 组态环境。在"文件"菜单中选择"新建工程", 在"文件"菜单中选择"工程另存为"选项, 把新建工程存为"D:\MCGS\WORK\水位控制系统", 如图2.5.4所示。

图 2.5.4 工程保存路径及名称

2. 定义数据对象

根据工程分析, 初步确定工程所需数据变量, 见表2.5.2。

表 2.5.2 水位控制工程数据变量表

变量名称	类 型	注 释
报警灯1	开关型	水罐1水位超限报警指示
报警灯2	开关型	水罐2水位超限报警指示
水泵	开关型	控制水泵"启动""停止"的变量
调节阀	开 关 型	控制调节阀"打开""关闭"的变量
出水阀	开 关 型	控制出水阀"打开""关闭"的变量
水位1	数值型	水罐1的水位高度, 用来控制1#水罐水位的变化
水位2	数值型	水罐2的水位高度, 用来控制2#水罐水位的变化
水位1上限	数值型	用来在运行环境下设定水罐1的上限报警值
水位1下限	数值型	用来在运行环境下设定水罐1的下限报警值
水位2上限	数值型	用来在运行环境下设定水罐2的上限报警值
水位2下限	数值型	用来在运行环境下设定水罐2的下限报警值
水位组	组对象	用于历史数据、历史曲线、报表输出等功能构件

　　单击工作台的"实时数据库"窗口标签，进入"实时数据库"窗口页。按"新增对象"按钮，在窗口的数据变量列表中增加新的数据变量，多次按该按钮，则增加多个数据变量，系统缺省定义的名称为"Data1""Data2""Data3"等。选中变量，按"对象属性"按钮或双击选中变量，则打开对象属性设置窗口。指定名称类型：在窗口的数据变量列表中，用户将系统定义的缺省名称改为用户定义的名称，并指定类型，在注释栏中输入变量注释文字。以"水位1"变量为例，在基本属性中，对象名称为"水位1"；对象类型为"数值"；其他不变。本系统中要定义的数据变量如图2.5.5所示。

图 2.5.5　定义数值型变量

（a）建立"水位1"变量；（b）建立"水位2"变量

按照以上方法，将表2.5.2所示的变量在实时数据库中创建完成，如图2.5.6所示。

图 2.5.6　实时数据库中的全部数据对象

3. 画面设计及动态连接

1）窗口创建

在 MCGS 组态平台上，单击"用户窗口"选项卡，在"用户窗口"中单击"新建窗口"按钮，则产生新"窗口0""窗口1"。选中"窗口0"，单击"窗口属性"，打开"用户窗口属性设置"对话框，将"窗口名称"改为"水位控制"；将"窗口标题"改为"水位控制"；在"窗口位置"中选中"最大化显示"，其他不变，单击"确认"按钮。用同样的方法，将"窗口1"改成"数据显示"，如图2.5.7所示。

（a）

（b）

（c）

图 2.5.7 "水位控制工程"用户窗口的创建

（a）"水位控制"窗口属性设置；（b）"数据显示"窗口属性设置；（c）"用户窗口"选项卡中的显示

选中刚创建的"水位控制"用户窗口，单击"动画组态"，进入动画制作窗口，如图2.5.8所示。

图 2.5.8　"水位控制"动画组态窗口

2）水位控制画面设计

（1）单击工具箱中的"插入元件"图标 ，打开"对象元件库管理"对话框，在左侧"对象元件列表"中单击"储藏罐"，在右侧展示的储藏罐中选择"罐17"和"罐53"，如图2.5.9所示。调整罐的大小，摆放在合适的位置。

图 2.5.9　"对象元件库管理"对话框

用同样的方法，在"对象元件库管理"中找到"阀"→"阀44"和"阀56"，"泵"→"泵44"和"泵40"，并调整图形元件的大小及位置。

双击"水罐1"图符，在"数据对象"标签页中的"大小变化"中连接数据库对象中的"水位1"，用同样的方法将"水罐2"图符的数据对象与"水位2"建立动画连接，如图2.5.10所示。

图 2.5.10　水罐的动画连接

双击"调节阀"图符，在"数据对象"标签页中的"按钮输入"和"填充颜色"中连接数据库对象中的"调节阀"，用同样的方法将"出水阀"图符的数据对象与"出水阀"建立动画连接，如图 2.5.11 所示。

图 2.5.11　阀门的动画连接

其中，调节阀和出水阀的"按钮输入"连接数据对象变量后，在运行环境中可以通过鼠标操作来"打开"和"关闭"阀门。

调节阀的"填充颜色"连接数据对象变量后，在运行环境中阀门的颜色会变化，调节颜色变化时可以单击"动画连接"标签页中与"填充颜色"对应的"组合图符"，单击右侧的 ▶ 按钮，进入阀门填充颜色的"动画组态属性设置"对话框，单击分段点所对应的颜色即可调整，"0"代表阀门关闭状态时的填充颜色，"1"代表阀门打开状态时的填充颜色，如图 2.5.12 所示。

图2.5.12 调节阀门填充颜色设置

出水阀的"可见度"连接数据对象变量后，在运行环境中可以通过颜色区分出水阀的打开与关闭状态。单击"出水阀"图符的"动画连接"标签页，有两个"可见度"数据类型的"折线"，通过这两个"折线"的可见度设置，可指示出水阀的打开和关闭状态。选中其中一个"折线"，单击其后的 ▶ 按钮，进入"动画组态属性设置"对话框，在"属性设置"标签页中的"填充颜色"中选择"绿色"；在"动画连接"标签页的"表达式"中选择数据对象"出水阀"，并点选"对应图符可见"单选框，用同样的方法设置另一条"折线"的"填充颜色"为"红色"，数据对象连接"出水阀"，点选"对应图符不可见"单选框，如图2.5.13所示。在运行环境中，"出水阀"为"1"时，阀门显示"绿色"，为"0"时，阀门显示"红色"。

图2.5.13 出水阀可见度设置

（2）单击工具箱中的"流动块"图标 ▯▭ ，将设备连接在一起，如图2.5.14所示。

图 2.5.14　用户窗口整体布局

流动块的属性设置如图 2.5.15 所示，但是并不是所有的流动块都连接一个变量，要看需要编辑的流动块的控制变量是什么，以和水泵连接的两段流动块为例，其均受控于水泵的启停，因此，这两段流动块的"流动属性"连接变量"水泵"，其他流动块管路的编辑方法相同。

图 2.5.15　流动块的基本属性及数据变量连接

（3）文字标签。

鼠标单击工具箱中的"标签"按钮 **A**，在窗口阀门下面合适的位置将之拖动至合适的大小，输入文字"调节阀"，单击窗口空白处，保存退出；双击文本标签图符，单击"字符颜色"旁的"字体"图标 **Aᵃ**，打开字体编辑对话框。

按照上述方法，将用户窗口中的阀门、水罐、水泵都使用文字标签标注出来，如图 2.5.16 所示。

图 2.5.16　文字标签标注

（4）水位指示。

水罐水位的显示有两种，一种是利用百分比填充的方式，动态显示当前水位值，另一种是通过仪表指针的形式指示水位值。下面分别介绍两种方法。绘制好的水位指示界面如图 2.5.17 所示。

图 2.5.17　添加旋转仪表和水位指示百分比

单击工具箱中的"百分比填充"图标 ，在水罐 1 和水罐 2 上的适当位置拖出适当大小的图符，其设置方法如图 2.5.18 所示。

单击工具箱中的"旋转仪表"图标 ，在窗口中的适当位置拖出适当大小的图符，绘制两个仪表，分别指示水罐 1 和水罐 2 的水位值，如图 2.5.19 所示。

图 2.5.18　百分比填充构件的编辑

图 2.5.19　旋转仪表设置

（a）旋转仪表指示水位 1 基本属性设置；（b）旋转仪表指示水位 1 操作属性设置；
（c）旋转仪表指示水位 2 基本属性设置；（d）旋转仪表指示水位 2 操作属性设置

选择"文件"菜单中的"保存窗口"，则可对所完成的画面进行保存。

单击菜单工具条中的"工作台"图标 ，显示工作台，在"用户窗口"中选中"水位控制"，单击鼠标右键，点击"设置为启动窗口"，这样工程运行后会自动进入"水位控制"窗口，如图2.5.20所示。

图2.5.20　设置启动窗口

（5）水位调节。

对水罐水位使用滑动输入器进行调节。在工具箱中选中"滑动输入器" 图标，当鼠标变为"十"字形后，拖动鼠标到适当大小，然后双击进入属性设置，具体操作如下，以水位1为例：

在"滑动输入器构件属性设置"对话框的"操作属性"项中，把对应数据对象的名称改为"水位1"，可以通过单击 图标，到库中选，手动输入也可；将"滑块在最右边时对应的值"设为"10"。

在"滑动输入器构件属性设置"对话框的"基本属性"项中，在"滑块指向"中选中"指向左（上）"，其他不变。

在"滑动输入器构件属性设置"对话框的"刻度与标注属性"项中，把"主划线数目"改为"5"，即能被10整除，其他不变。水位2的"滑动输入器构件属性设置"同水位1，如图2.5.21所示。

（6）画面下载调试。

在"文件"菜单中选"进入运行环境"或直接按F5键或直接按工具条中的 图标，都可以进入运行环境。

(a)　　　　　　　　　　　　　(b)

(c)　　　　　　　　　　　　　(d)

图 2.5.21　滑动输入器的设置

(a) 窗口中的滑动输入器；(b) 滑动输入器的基本属性设置；

(c) 水位 1 滑动输入器的操作属性设置；(d) 水位 2 滑动输入器的操作属性设置

这时可看见的画面并不能动，移动鼠标到"水泵""调节阀""出水阀"上面的红色部分，会出现一只"小手"，单击，红色部分变为绿色，同时流动块相应地运动起来，但水罐仍没有变化，这是由于没有信号输入，也没有人为地改变其值。此时可以用如下方法改变其值，使水罐动起来：

按 F5 键或直接按工具条中的 图标，进入运行环境后，通过拉动滑动输入器而使水罐中的液面动起来。

4. 模拟设备连接

模拟设备是 MCGS 根据设置的参数产生一组模拟曲线的数据，以供用户调试工程使用。此构件可以产生标准的正弦波、方波、三角波、锯齿波信号，且其幅值和周期可以任意设置。现在通过模拟设备，可以使动画自动运行起来，而不需要手动操作，其具体操作如下：

在"设备窗口"中点击工具条中的"工具箱"图标 ，打开设备工具箱，如图 2.5.22所示。如果在设备工具箱中没有发现"模拟设备"，请单击设备工具箱中的"设备管理"进入。在"可选设备"中可以看到MCGS所支持的大部分硬件设备。在"通用设备"中打开"模拟数据设备"，双击"模拟设备"，按"确认"按钮后，在设备工具箱中就会出现"模拟设备"，双击"模拟设备"，则会在"设备窗口"中加入"模拟设备"。

图2.5.22 设备工具箱及设备管理

双击"设备0－［模拟设备］"，进入模拟设备属性设置，如图2.5.23所示。

图2.5.23 设备组态窗口

在"设备属性设置"中，点击"内部属性"，会出现 ... 图标，单击进入"内部属性"设置，把通道1的最大值设为10，把通道2的最大值设为6，其他不变，设置好后按"确认"按钮退到"基本属性"页。在"通道连接"中的"对应数据对象"中输入变量，为第一个通道对应输入"水位1"，为第二个通道对应输入"水位2"，或在所要连接的通道中单击鼠标右键，到实时数据库中选中"水位1""水位2"也可把选中的数据对象连接到相应的通道。在"设备调试"中可看到数据变化，如图 2.5.24 所示。

（a）

（b）

（c）

（d）

图 2.5.24　模拟设备连接及组态

（a）模拟设备的基本属性设置；（b）模拟设备的内部属性设置；
（c）模拟设备的通道连接；（d）模拟设备的通信调试

这时再进入运行环境，就会发现水位控制系统自动地运行起来了，但美中不足的是阀门不会根据水罐中的水位变化自动开启。这需要通过运行策略来实现。

5. 脚本程序设计

在"运行策略"中，双击"循环策略"进入，双击　🖥️📇　图标进入"策略属性设置"，如图 2.5.25 所示，只需要把"循环时间"设为 200 ms，按"确定"按钮即可。

在策略组态中，单击工具条中的"新增策略行"图标　🔲　，或在窗口空白处单击鼠标右键，选择"新增策略行"。在策略组态中，如果没有出现策略工具箱，请单击工具条中的"工具箱"图标　🔧　，即弹出策略工具箱。

图 2.5.25　循环策略的循环运行时间设定

单击策略工具箱中的"脚本程序"，把鼠标移出策略工具箱，会出现一个"小手"，把"小手"放在 ▭ 上，单击鼠标左键，如图2.5.26所示。

图 2.5.26　添加一条脚本程序构件

双击 ▭ 图标进入脚本程序编辑环境，输入如下脚本程序，如图2.5.26（a）所示。

```
IF 水位 1 < 9 THEN
   水泵 = 1
ELSE
   水泵 = 0
ENDIF
IF 水位 2 < 1 THEN
   出水阀 = 0
ELSE
   出水阀 = 1
ENDIF
IF 水位 1 > 1 and   水位 2 < 6 THEN
   调节阀 = 1
ELSE
   调节阀 = 0
ENDIF
```

单击"检查",显示图 2.5.27（b）所示的对话框，即编译没有错误，单击"确认"按钮保存退出。脚本程序编写好了，这时再进入运行环境，就会按照所需要的控制流程，出现相应的动画效果。

（a）   （b）

图 2.5.27　脚本程序编辑

（a）脚本程序编辑窗口；（b）组态编译检查

6. 报警显示与报警数据

MCGS 把报警处理作为数据对象的属性，封装在数据对象内，由实时数据库自动处理。当数据对象的值或状态发生改变时，实时数据库判断对应的数据对象是否发生了报警或已产生的报警是否已经结束，并把所产生的报警信息通知给系统的其他部分。同时，实时数据库根据用户的组态设定，把报警信息存入指定的存盘数据库文件中。

1）定义报警

对于"水位 1"变量，在实时数据库中，双击"水位 1"，在"报警属性"中，选中"允许进行报警处理"；在"报警设置"中选中"上限报警"，把"报警值"设为 9 m；把"报警注释"设为"水罐 1 的水已达上限"；在"报警设置"中选中"下限报警"，把"报警值"设为 1 m；把"报警注释"设为"水罐 1 没水了"。在存盘属性中，选中"自动保存产生的报警信息"。

对于"水位 2"变量来说，只需要把"上限报警"的"报警值"设为 4 m，其他一样，如图 2.5.28 所示。属性设置好后，按"确认"按钮即可。

还需要定义一个"组"变量，将所有需要报警的变量添加到一起。"水位组"变量的属性设置：在"基本属性"中，"对象名称"为"水位组"，"对象类型"为"组对象"，其他不变。在"存盘属性"中，在"数据对象值的存盘"中选中"定时存盘"，"存盘周期"设为"5 秒"。在"组对象成员"中选择"水位 1""水位 2"。具体设置如图 2.5.29所示。

图 2.5.28　"水位 1"数据对象变量的报警信息设置

（a）　　　　　　　　　　　　　　（b）

图 2.5.29　"水位组"数据对象的创建
（a）"水位组"数据对象的基本属性；（b）"水位组"数据对象的存盘属性

开关量变量的创建如图 2.5.30 所示，以"调节阀"和"出水阀"两个变量为例。

2）报警显示

实时数据库只负责关于报警的判断、通知和存储三项工作，而报警产生后所要进行的其他处理操作（即对报警动作的响应），则需要在组态时实现。

在 MCGS 组态平台上，单击"用户窗口"，在"用户窗口"中，选中"水位控制"窗口，双击"水位控制"或单击"动画组态"进入。在工具条中单击"工具箱"，弹出工具箱，从工具箱中单击"报警显示"图标 ，鼠标变为"十"字形后将之拖动至适当位置与大小，如图 2.5.31 所示。

（a）　　　　　　　　　　　　　　　　（b）

图 2.5.30　开关型数据对象的创建

（c）"调节阀"数据对象的基本属性；（d）"出水阀"数据对象的基本属性

时间	对象名	报警类型	报警事件	当前值	界限值	报警描述
05-29 16:10:07.Data0	上限报警	报警产生	120.0	100.0	Data0上限报警
05-29 16:10:07.Data0	上限报警	报警结束	120.0	100.0	Data0上限报警
05-29 16:10:07.Data0	上限报警	报警应答	120.0	100.0	Data0上限报警

图 2.5.31　报警显示

双击数据报警图形构件，弹出如图 2.5.32 所示的对话框。

图 2.5.32　"报警显示构件属性设置"对话框

在"报警显示构件属性设置"对话框中，把"对应的数据对象的名称"改为"水位组"，把"最大记录次数"设为"6"，其他不变，按"确认"按钮，报警显示设置完毕。

此时按 F5 键或直接按工具条中的 ▣ 图标，进入运行环境，此时可发现报警显示已经轻松地实现了。

3）报警数据处理

在报警定义时，本项目已经让当有报警产生时，"自动保存产生的报警信息"，接下来对报警数据进行处理。

在"运行策略"中单击"新建策略"，弹出"选择策略的类型"对话框，选中"用户策略"，按"确定"按钮，如图 2.5.33 所示。选中"策略 1"，单击"策略属性"按钮，弹出"策略属性设置"窗口，把"策略名称"设为"报警数据"，把"策略内容注释"改为"水罐的报警数据"，按"确认"按钮，如图 2.5.34 所示。

图 2.5.33 新增用户策略

图 2.5.34 新增用户策略属性设置

选中"报警数据"，单击"策略组态"按钮进入，在策略组态中，单击工具条中的"新增策略行"图标 ▦ ，新增加一个策略行。再从策略工具箱中选取"报警信息浏览"，加到策略行 ▭ 上，单击鼠标左键，如图 2.5.35 所示。

图 2.5.35 添加报警信息浏览

双击 ▣ 图标，弹出"报警信息浏览构件属性设置"窗口，在"基本属性"中，把"报警信息来源"中的"对应数据对象"改为"水位组"。按"确认"按钮，设置完毕，如图 2.5.36 所示。

按"测试"按钮，进入"报警信息浏览"，如图 2.5.37 所示。

退出策略组态时，会弹出如下窗口，按"是"按钮，就可对所作设置进行保存，如图 2.5.38 所示。

图 2.5.36　报警信息浏览数据对象连接　　　　图 2.5.37　报警信息浏览测试窗口

如何在运行环境中看到刚才的报警数据呢？请按如下步骤操作：

在 MCGS 组态平台上，单击"主控窗口"，在"主控窗口"中，选中"主控窗口"，单击"菜单组态"进入。单击工具条中的"新增菜单项"图标 ，会产生"操作0"菜单。双击"操作 0"菜单，弹出"菜单属性设置"窗口。在"菜单属性"中把"菜单名"改为"报警数据"。在"菜单操作"中选中"执行运行策略块"，选中"报警数据"，按"确认"按钮，设置完毕，如图 2.5.39 所示。

图 2.5.38　退出策略组态保存窗口

图 2.5.39　主控窗口中新建菜单的属性设置

现在直接按 F5 键或直接按工具条中的 图标，进入运行环境，就可以用"报警数据"菜单打开报警历史数据。

4）修改报警限值

在实时数据库中，对"水位1""水位2"的上、下限报警值都定义好了，如果用户想在运行环境下根据实际情况随时改变上、下限值报警，又如何实现呢？MCGS提供了大量的函数，可以根据需要灵活地进行运用。

在"实时数据库"中选"新增对象"，增加四个数值型变量，分别为"水位1上限""水位1下限""水位2上限""水位2下限"，其初值分别设置为9、1、4、1。

在"用户窗口"中，选"水位控制"进入，在工具箱中选"标签"图标 **A** 用于文字注释，选"输入框"图标 **ab** 用于输入上、下限值。双击"输入框"图符，进行属性设置，只需要设置"操作属性"，其他不变，如图2.5.40所示。

图2.5.40 水位限值输入框的属性设置

（a）水位1下限的操作属性设置；（b）水位1上限的操作属性设置；

（c）水位2下限的操作属性设置；（d）水位2上限的操作属性设置

选中所有水位限值图符及文字，单击鼠标右键，选择"合成单元"，如图2.5.41（a）所示，双击新合成的单元，可以对数据对象统一进行编辑，如图2.5.41（b）所示。

图2.5.41　用户窗口中的液位上、下限编辑及属性设置

在MCGS组态平台上，单击"运行策略"，在"运行策略"中双击"循环策略"，双击
图标进入脚本程序编辑环境，在脚本程序中增加如下语句：

!SetAlmValue（水位1，水位1上限，3）

!SetAlmValue（水位1，水位1下限，2）

!SetAlmValue（水位2，水位2上限，3）

!SetAlmValue（水位2，水位2下限，2）

如果对该函数!SetAlmValue（水位1，水位1上限，3）不了解，可以参考"在线帮助"，按"帮助"按钮，弹出"MCGS帮助系统"，在"索引"中输入"!SetAlmValue"，更多函数参照书后附录。保存后进入运行环境。

7. 实时数据报表

实时数据报表可实时地将当前时间的数据变量按一定报告格式显示和打印，即对瞬时量的反映。可以通过MCGS系统的实时表格构件来组态显示实时数据报表。

双击"数据显示"窗口图标，进入"动画组态：数据显示"窗口。通过"标签"图标
A 作注释：水位控制系统数据显示、实时数据、历史数据。

在工具条中单击"帮助"图标 ，将之拖放在工具箱中的"自由表格"图标 上，单击，就会获得"MCGS在线帮助"，请仔细阅读，然后再按下面的操作进行。

在工具箱中单击"自由表格"图标 ，将之拖放到桌面的适当位置。双击表格进入，如要改变单元格的大小，同Excel表格一样操作，把鼠标移到A与B或1与2之间，当鼠标变化时，拖动鼠标即可。在A1（第1行第A列）表格处双击鼠标进行编辑，填写标注

文字"水位1",用同样的方法将其他4个变量也填写到表格中,如图2.5.42所示。

图2.5.42 自由表格编辑

在B1处单击鼠标右键,单击"连接"或直接按F9键,再单击鼠标右键,从"实时数据库"中选取所要连接的变量双击或直接输入,如图2.5.43(a)所示。图2.5.43(b)所示则是数据变量连接完成时的显示图。

（a）

（b）

图2.5.43 自由表格连接变量

在MCGS组态平台上,单击"主控窗口",在"主控窗口"中,单击"菜单组态",在工具条中单击"新增菜单项"图标 ，此时会产生"操作0"菜单。双击"操作0"菜单,弹出"菜单属性设置"对话框,如图2.5.44所示。

按F5键进入运行环境后,单击菜单项中的"数据显示"会打开"数据显示"窗口,实时数据就会显示出来。

8. 历史数据报表

历史数据报表是从历史数据库中提取数据记录,以一定的格式显示历史数据。实现历史数据报表有两种方式,一种用策略中的"存盘数据浏览"构件,另一种利用历史表格构件。

图 2.5.44　"菜单属性设置"对话框

1）"存盘数据浏览"构件

在"运行策略"中单击"新建策略"按钮，弹出"选择策略的类型"，选中"用户策略"，按"确认"按钮。单击"策略属性"，弹出"策略属性设置"，把"策略名称"改为"历史数据"，把"策略内容注释"改为"水罐的历史数据"，按"确认"按钮。双击"历史数据"进入策略组态环境，在工具条中单击"新增策略行"图标 ，再在策略工具箱中单击"存盘数据浏览"，将之拖放在 _____ 上，则显示如图 2.5.45 所示。

图 2.5.45　添加"存盘数据浏览"构件

双击 ▇▇▇ 图标，弹出"存盘数据浏览构件属性设置"对话框，如图 2.5.46 所示。

（a）　　　　　　　　　　　　（b）

图 2.5.46　"存盘数据浏览构件属性设置"对话框

图 2.5.46 "存盘数据浏览构件属性设置"对话框（续）

单击"测试"按钮，进入"数据存盘浏览"，如图 2.5.47 所示。

图 2.5.47 "数据存盘浏览"测试窗口

单击"退出"按钮，再单击"确认"按钮，退出运行策略，保存所作修改。如果想在运行环境中看到历史数据，请在"主控窗口"中新增加一个菜单，取名为"历史数据"，如图 2.5.48 所示。

2）历史表格构件

历史表格构件是基于"Windows 下的窗口"和"所见即所得"机制的，用户可以在窗口上利用历史表格构件强大的格式编辑功能配合 MCGS 的画图功能做出各种精美的报表。

图 2.5.48 在主控窗口中添加"历史数据"菜单

在 MCGS 开发平台上，单击"用户窗口"，在"用户窗口"中双击"数据显示"进入，在工具箱中单击"历史表格"图标 ，将之拖放到桌面，双击表格进入，把鼠标移到 C1 与 C2 之间，当鼠标发生变化时，拖动鼠标改变单元格的大小，单击鼠标右键进行编辑。在 R1C1 输入"采集时间"，在 R1C2 输入"水位 1"，在 R1C3 输入"水位 2"。把鼠标从 R2C1 拖到 R5C3，表格会反黑，如图 2.5.49 所示。

	C1	C2	C3
R1	采集时间	水位1	水位2
R2			
R3			
R4			
R5			
R6			
R7			

图 2.5.49 历史表格编辑

在表格中单击鼠标右键，单击"连接"或直接按 F9 键，单击"表格"菜单中的"合并表元"选项，或直接单击工具条中"编辑条"图标 ，在编辑条中单击"合并单元"图标 ，表格中所选区域会出现反斜杠，如图 2.5.50 所示。

连接	C1*	C2*	C3*
R1*			
R2*			
R3*			
R4*			
R5*			
R6*			
R7*			

图 2.5.50 历史表格变量连接界面

双击表格中的反斜杠处，弹出"数据库连接设置"窗口，具体设置如图 2.5.51 所示，设置完毕后按"确认"按钮退出。

图 2.5.51 历史表格数据库连接设置

这时进入运行环境，就可以看到自己的劳动成果了。

如果想看到历史数据中"水位1"变量后面1位小数，"水位2"变量后面2位小数，操作如图 2.5.52（a）所示，图 2.5.52（b）所示是按图 2.5.52（a）设置后对应的运行效果。

	C1	C2	C3
R1	采集时间	水位1	水位2
R2		1|0	2|0
R3		1|0	
R4		1|0	
R5		1|0	
R6		1|0	
R7		1|0	

（a）

采集时间	水位1	水位2
2016-05-29 23:49:38	0.4	2.00
2016-05-29 23:49:33	9.7	4
2016-05-29 23:49:28	0.4	2
2016-05-29 23:49:23	9.6	4
2016-05-29 23:49:18	0.3	2
2016-05-29 23:49:13	9.7	4

（b）

图 2.5.52 历史数据中小数位数的设置

（a）历史表格中数据小数位数的设置；（b）历史表格的运行效果

9. 实时曲线

实时曲线构件是用曲线显示一个或多个数据对象数值的动画图形，像笔绘记录仪一样实时记录数据对象值的变化情况。

单击"用户窗口"标签，在"用户窗口"中双击"数据显示"进入，在工具箱中单击"实时曲线"图标，将之拖放到适当的位置并调整大小。双击曲线，弹出"实时曲线构件属性设置"对话框，按图 2.5.53 所示进行设置。

图 2.5.53　实时曲线构件属性设置

(a) 基本属性设置；(b) 标注属性设置

(c) 变量连接窗口；(d) 用户窗口中显示的曲线

按"确认"按钮，在运行环境中单击"数据显示"菜单就可看到实时曲线。双击曲线可以放大曲线。

10. 历史趋势

历史曲线构件实现了历史数据的曲线浏览功能。运行时，利用历史曲线构件能够根据需要画出相应历史数据的趋势效果图。历史曲线主要用于事后查看数据、状态变化趋势和总结规律。

在"用户窗口"中双击"数据显示"进入，在工具箱中单击"历史曲线"图标 ，将之拖放到适当位置并调整大小。双击曲线，弹出"历史曲线构件属性设置"对话框，按图 2.5.54 设置，在"历史曲线构件属性设置"对话框中，"水位 1"曲线颜色为"蓝色"，"水位 2"曲线颜色为"红色"，如图 2.5.54 所示。

图 2.5.54 历史曲线设置

（a）基本属性设置；（b）存盘数据变量连接；
（c）标注属性设置；（d）将"水位 2"曲线设置成蓝色

（e）　　　　　　　　　　　　　　　　　　（f）

图 2.5.54　历史曲线设置（续）

（e）"水位 1"曲线设置成红色；（f）运行时处理设置

在运行环境中，单击"报表数据"菜单，打开"数据显示窗口"，就可以看到实时曲线、历史曲线，如图 2.5.55 所示。

图 2.5.55　运行环境中的实时曲线和历史曲线

2.5.5　项目总结与评价

本项目评价可参考表 2.5.3。

表 2.5.3 水位控制工程监控系统自我评价

评价内容	评价标准	分值	得分	有待提高部分
数据库变量的建立	变量的数据类型正确，不缺项	10 分		
组态界面的制作	画面美观，不缺项	10 分		
界面动画连接	动画效果正确显示	20 分		
控制程序设计	构件策略使用正确，运行动态效果正确	10 分		
报警数据	实时报警信息浏览	10 分		
曲线设计	实时曲线和历史曲线	10 分		
数据报表	实时数据显示和历史数据报表	10 分		
项目整体调试	整体运行效果符合要求	20 分		
项目收获				

2.5.6 问题与思考

（1）在设备组态过程中，若设备工具箱中没有所需设备，应当从哪里选择？如何添加？

（2）如何删除多余的数据对象？

（3）主控窗口的作用是什么？

（4）实时曲线和历史曲线有何不同？如何制作？

（5）如何实现数据报警？在什么情况下需要设置数据对象的报警属性和存盘属性？

（6）如何通过组态运行界面设置液位上、下限值？

（7）如何使用用户策略实现存盘数据浏览？

（8）如何使用 MCGS 软件内部的模拟设备产生标准的正弦波、方波、三角波等信号？

实践项目 2.5 啤酒厂液体混合控制系统设计

1. 学习目标

（1）掌握 MCGS 组建工程的一般步骤；

（2）掌握 MCGS 的液体混合搅拌系统演示工程的设计；

（3）掌握模拟设备连接方法，完成脚本程序编写及报警显示；

（4）掌握 MCGS 的液体混合搅拌监控系统设计；

（5）能应用 MCGS 的基本功能进行液体混合项目的设计、仿真运行；

（6）能独立编写液体混合的脚本程序；

（7）能查看报警事件并掌握实时趋势曲线的绘制；

（8）能完成演示工程模拟调试运行。

2. 控制要求

设有 A、B、C 三种液体在容器内按照一定的比例进行混合搅拌，其中 SL1、SL2、SL3 为液位高度检测传感器，当其被液面淹没时，传感器的状态为 ON；YV1、YV2、YV3、YV4 为电磁阀；M 为电动机。

（1）初始状态：容器为空；电磁阀 YV1、YV2、YV3、YV4 均为关闭状态；液位传感器 SL1、SL2、SL3 为 OFF 状态；搅拌电机 M 为 OFF 状态。

（2）按下"启动"按钮开始以下操作：

①YV1 = ON 时，A 液体注入容器，当液位上升达到 SL3 时，SL3 = ON，使得 YV1 = OFF，YV2 = ON，B 液体注入容器。

②当液面达到 SL2 时，SL2 = ON，使得 YV2 = OFF，YV3 = ON，C 液体注入容器。

③当液面达到 SL1 时，SL1 = ON，使得 YV3 = OFF，M = ON，即关闭阀门 YV3，电动机 M 启动，开始搅拌。

④电动机经过 10s 搅拌均匀后，M = OFF，停止搅拌。

⑤在停止搅拌的同时，YV4 = ON，排液电磁阀打开，排放液体，液面下降，当容器内液体排空后，YV4 = OFF，完成一个操作周期。

⑥只要不按"停止"按钮，则自动进入下一操作周期。

3. 参考数据对象的定义

啤酒厂液体混合控制数据对象见表 2.5.4。

表 2.5.4 啤酒厂液体混合控制数据对象

序号	名称	类型	初值	注　释
1	启动按钮	开关型	0	液体混合系统启动运行信号，1 有效
2	停止按钮	开关型	0	液体混合系统停止运行信号，1 有效
3	传感器 SL1	开关型	0	液位检测，0 表示液位未达到检测值
4	传感器 SL2	开关型	0	液位检测，0 表示液位未达到检测值
5	传感器 SL3	开关型	0	液位检测，0 表示液位未达到检测值
6	电磁阀 YV1	开关型	0	控制液体 A 阀门 YV1 的打开与关闭，1 打开，0 关闭
7	电磁阀 YV2	开关型	0	控制液体 B 阀门 YV2 的打开与关闭，1 打开，0 关闭
8	电磁阀 YV3	开关型	0	控制液体 C 阀门 YV3 的打开与关闭，1 打开，0 关闭
9	电磁阀 YV4	开关型	0	控制排放液体的阀门 YV4 的打开与关闭，1 打开，0 关闭
10	搅拌电机 M	开关型	0	控制搅拌电机 M，1 启动，0 停止
11	搅拌时间 T	数值型	0	模拟运行时的搅拌时间
12	排放时间	数值型	0	模拟运行时的排放时间
13	液位模拟	数值型	0	模拟液位的变化
14	状态显示	字符型	初始状态	显示系统的工作状态

4. 参考界面设计

啤酒厂液体混合系统参考画面如图2.5.56所示。

图 2.5.56　啤酒厂液体混合系统参考画面

5. 参考脚本程序

```
IF 液位模拟 < 50 THEN
    传感器 SL1 = 0
    传感器 SL2 = 0
    传感器 SL3 = 0
 ENDIF
 IF 液位模拟 > 50 AND 液位模拟 < 99 THEN
    传感器 SL1 = 0
    传感器 SL2 = 0
    传感器 SL3 = 1
 ENDIF
 IF 液位模拟 > 100 AND 液位模拟 < 150 THEN
    传感器 SL1 = 0
    传感器 SL2 = 1
    传感器 SL3 = 1
```

```
        ENDIF
    IF 液位模拟 > 149 THEN
        传感器 SL1 = 1
        传感器 SL2 = 1
        传感器 SL3 = 1
    ENDIF
    IF 启动按钮 = 1 AND 液位模拟 < 51 AND 搅拌时间 T = 0   THEN
        电磁阀 YV1 = 1
        液位模拟 = 液位模拟 + 1
        状态显示 = "注入液体 A"
    ENDIF
    IF 启动按钮 = 1 AND 液位模拟 < 101 AND 液位模拟 > 50 AND 搅拌时间 T =
0 THEN
        电磁阀 YV1 = 0
        电磁阀 YV2 = 1
        电磁阀 YV3 = 0
        液位模拟 = 液位模拟 + 1
        状态显示 = "注入液体 B"
    ENDIF
    IF 启动按钮 = 1 AND 液位模拟 > 100 AND 液位模拟 < 150 AND 搅拌时间 T =
0 THEN
        电磁阀 YV1 = 0
        电磁阀 YV2 = 0
        电磁阀 YV3 = 1
        液位模拟 = 液位模拟 + 1
        状态显示 = "注入液体 C"
    ENDIF
    IF 启动按钮 = 1 AND 液位模拟 = 150 AND 搅拌时间 T < 100 THEN
        电磁阀 YV1 = 0
        电磁阀 YV2 = 0
        电磁阀 YV3 = 0
        液位模拟 = 液位模拟
        状态显示 = "搅拌"
        搅拌时间 T = 搅拌时间 T + 1
        搅拌电机 M = 1
    ENDIF
    IF 启动按钮 = 1 AND 搅拌时间 T = 100 AND 液位模拟 > 50 THEN
        搅拌电机 M = 0
```

```
        电磁阀 YV1 = 0
        电磁阀 YV2 = 0
        电磁阀 YV3 = 0
        电磁阀 YV4 = 1
        液位模拟 = 液位模拟 - 1
        状态显示 = "排混合液体"
    ENDIF
    IF 启动按钮 = 1 AND 搅拌时间 T = 100 AND 液位模拟 > 0 AND 液位模拟 < 51 AND
排放时间 < 100 THEN
        搅拌电机 M = 0
        电磁阀 YV1 = 0
        电磁阀 YV2 = 0
        电磁阀 YV3 = 0
        电磁阀 YV4 = 1
        排放时间 = 排放时间 + 1
        液位模拟 = 液位模拟 - 0.5
        状态显示 = "排混合液体"
    ENDIF
    IF 启动按钮 = 1 AND 排放时间 > = 100 THEN
        搅拌电机 M = 0
        电磁阀 YV1 = 0
        电磁阀 YV2 = 0
        电磁阀 YV3 = 0
        电磁阀 YV4 = 0
        液位模拟 = 0
        状态显示 = "液体排放结束"
        排放时间 = 0
        搅拌时间 T = 0
    ENDIF
    IF 停止按钮 = 1 THEN
        搅拌时间 T = 0
        排放时间 = 0
        电磁阀 YV1 = 0
        电磁阀 YV2 = 0
        电磁阀 YV3 = 0
        电磁阀 YV4 = 0
        搅拌电机 M = 0
        液位模拟 = 0
```

```
    ENDIF
    IF 启动 =1 THEN
        启动按钮 = 1
        停止按钮 =0
    ENDIF
    IF 停止 =1 THEN
        启动按钮 =0
        停止按钮 = 1
    ENDIF
```

项目六　恒压供水监控系统设计

2.6.1　项目导入

1. 学习目标

（1）了解供水系统的基本知识；

（2）熟悉供水监控系统的硬件组成（PLC、变频器、压力传感器、电机）；

（3）掌握组态画面的制作方法；

（4）掌握数据库的定义和属性设置；

（5）掌握组态画面的动画连接；

（6）掌握实现工艺要求的脚本程序设计和调试（PID）；

（7）掌握组态与 PLC、变频器的设备连接方法和接口分配；

（8）掌握虚拟仿真和设备连接实时监控的调试步骤。

2. 项目描述

恒压供水监控系统主要对用水部门的出水压力进行恒定控制，确保用户用水方便，一般由 PLC、变频器、交流异步电动机组、电控柜、压力传感器和上位机构成。本项目包含一台水泵电机，实现软启动和变频模拟量调速，压力传感器检测到出口压力，经 PLC 模拟通道采样，与设定值进行比较后，经过 PID 控制算法得出输出值，以此来控制变频器的输出频率，通过改变水泵电机的转速来改变供水量，最终使管网的水压维持在给定值附近，通过工控机和 PLC 的连接，采用 MCGS 组态软件完成系统监控，实现运行状态的动态显示及报警、曲线的查询。

用 S7 – 200 编程实现恒压供水自动控制。恒压供水监控系统采用一台变频器和一台 PLC 加一台工控机实现，用 MCGS 组态软件实现在线监控和参数设置，具体控制要求如下：

（1）系统运行时，先通过组态桌面设置给水出口的压力值、比例、积分、微分参数，并将其送给 PLC，再通过 PLC 模拟通道自动检测压力传感器传来的出水压力。

（2）当出口压力较小时，变频器满负荷运行，输出 50 Hz 频率。

（3）当出口压力靠近给定值附近时，自动进入 PID 控制程序。

（4）组态系统可在桌面设置各类参数，并可实时监控运行状态。

（5）组态系统需要实现数据的报警、实时曲线监控和数据储存。

2.6.2　项目资讯

1. 实时曲线构件

实时曲线是用曲线显示一个或多个数据对象数值的动画图形，实时记录数据对象值的变化情况。实时曲线可以用绝对时间为横轴标度，此时构件显示的是数据对象的值与时间的函数关系。实时曲线也可以使用相对时钟为横轴标度，此时需指定一个表达式来表示相对时钟，构件显示的是数据对象的值相对于此表达式值的函数关系。在相对时钟方式下，可以指定一个数据对象为横轴标度，从而实现记录一个数据对象相对另一个数据对象的变化曲线。

实时曲线的组态包括基本属性的设置、标注属性的设置、画笔属性的设置和可见度的设置。

基本属性的设置包括坐标网络的数目、颜色、线型、背景颜色、边线颜色、边线线型、曲线类型等。其中，曲线的类型有"绝对时钟实时趋势曲线"和"相对时钟实时趋势曲线"两类。标注属性的设置包括 X 轴和 Y 轴标注文字的颜色、间隔、字体和长度等，当曲线的类型为"绝对时钟实时趋势曲线"时，需要指定时间格式和时间单位。通过画笔属性的设置最多可同时显示 6 条曲线。通过可见度的设置可以设置实时曲线构件的可见度条件。

2. 历史曲线构件

历史曲线的功能是实现历史数据的曲线浏览。运行时，历史曲线能够根据需要画出相应历史数据的趋势效果图，描述历史数据的变化。历史曲线的组态包括基本属性的设置、存盘数据、标注属性的设置、曲线表示、输出信息和高级属性的设置。

与实时曲线不同，历史曲线必须指明历史曲线对应的存盘数据的来源，即来源可以是组对象、标注的 Access 数据库文件等；在标注属性的设置中要设定历史曲线数据的对应时间；历史曲线也可以绘制多条曲线，并可通过曲线颜色的变化加以区分；输出信息用来在对应数据对象列中定义对象和曲线的输出信息相连接，以便在运行时通过曲线信息显示窗口显示；高级属性的设置包括在运行时显示曲线翻页操作按钮、在运行时显示曲线放大操作按钮、显示曲线信息窗口、自动刷新周期、自动减少曲线密度、设置端点间隔、使信息显示窗口跟随光标移动。

2.6.3　项目分析

1. 界面设计

恒压供水监控系统需要 1 个用户窗口用于体现数据报警、实时曲线、PID 参数设定等功能，参考组态画面如图 2.6.1 所示。其中画面制作中主要涉及工具箱中的标签、流动块、标准按钮、输入框、实时曲线、历史曲线、报警显示，以及图形元件库中的按钮、指示灯、传感器等。

图 2.6.1　恒压供水监控系统参考组态画面

2. 数据对象的建立

通过对恒压供水监控系统要求的分析，初步确定本工程中需要用到的数据对象，见表 2.6.1。

表 2.6.1　恒压供水监控系统定义数据对象表

序号	对象名称	类型	初值
1	启动	开关型	0
2	运行	开关型	0
3	比例系数	数值型	0
4	变频器输出	数值型	0
5	出口压力	数值型	0
6	C	组对象	0
7	出压报警	数值型	0
8	给定值	数值型	0
9	积分系数	数值型	0
10	实际值	数值型	0
11	停止	开关型	0
12	微分系数	数值型	0

3. 运行策略

（1）需要1个用户策略，用于报警数据浏览。

（2）需要2个脚本程序构件，1个用于出水压力上、下限设定值，1个用于启停控制。

2.6.4 项目实施

1. 新建工程

单击"文件"菜单中的"新建工程"选项，选择"文件"菜单中的"新建工程"命令，并保存新工程。保存时，可选择更改工程文件名为"恒压供水系统"，默认保存路径为"D:\MCGS\WORK\恒压供水系统"。

2. 定义数据变对象

在开始定义之前，先对所有的数据对象进行分析。本项目主要包含2个模拟量，其中包括输入信号1路，即出口压力，通过PLC模拟通道作为采样信号，输出信号1路，即为变频器输出，用PLC模拟量PID输出控制，"启动"和"停止"按钮作为桌面按钮控制，并通过组态方式控制PLC的运行与停止。

按照学过的方法，将表2.6.1中的数据全部创建在MCGS组态的实时数据库中，如图2.6.2所示。

图2.6.2　恒压供水实时数据库变量

3. 监控画面的设计与组态

在工作台窗口的"用户窗口"选项卡中单击"新建窗口"按钮，建立"窗口0"，选中"窗口0"，单击"窗口属性"按钮，进入"用户窗口属性设置"对话框，将"窗口名称"改为"恒压供水监控系统"，将"窗口标题"改为"恒压供水"，其他不变，单击"确认"按钮，如图2.6.3所示。

图2.6.3 "用户窗口属性设置"对话框

在"用户窗口"中，选中"恒压供水监控"，单击鼠标右键，选择快捷菜单中的"设置为启动窗口"命令，将该窗口设置为运行时自动加载的窗口。已设置好的用户窗口如图2.6.4所示。

图2.6.4 用户窗口的设置

选中"恒压供水监控"窗口图标,单击"动画组态"按钮,进入动画组态窗口,开始编辑画图。

1)制作静态文字

单击工具条中的"工具箱"按钮 ![工具箱图标] ,打开绘图工具箱,选择工具箱内的"标签"按钮 ![标签图标] ,鼠标的光标呈现"十"字形,在窗口顶端中心位置拖曳鼠标,根据需要拉出一个一定形状的矩形,在光标中心闪烁位置输入文字"恒压供水系统监控画面",按 Enter 键或在窗口任意位置用鼠标点击一下,文字输入完毕。

选中文字框,进行如下设置:单击"填充色"按钮 ![填充色图标] ,设定文字框背景为"没有填充",点击"线色"按钮 ![线色图标] ,设置文字框边线的边线颜色为"没有边线"。也可用另一方法设置文字框,即选中文字框,通过右键快捷菜单的"属性"命令进入"动画组态属性设置"对话框,如图 2.6.5 所示。

图 2.6.5　恒压供水监控系统的动画组态属性设置

2)添加图形构件

单击"编辑"菜单下的"插入元件"选项,弹出"对象元件库管理"对话框,如图 2.6.6 所示,从"阀"和"泵"类中分别选取阀和泵。现以水泵的组态为例讲解。选择对象元件库中的"泵 25",适当调整大小,将之放在合适的位置,后向右旋转 90°,双击该图符,打开"单元属性设置"对话框,在"动画连接"选项卡中单击"组合图符",再单击其后面出现的 ![>图标] 图标,进入到组合图符的"动画组态属性设置"对话框,其设置如图 2.6.6 所示。

图 2.6.6　水泵的属性设置

3）流动管道

选中工具箱内的"流动块"动画构件，鼠标的光标呈"十"字形，移动鼠标至窗口的预定位置，单击鼠标左键，移动鼠标，在鼠标光标后形成一道虚线，拖动一定距离后，单击鼠标左键，生成一段流动块。再拖动鼠标（可沿原来的方向，也可垂直于原来的方向），生成下一段流动块。当想结束绘制时，双击鼠标左键即可。当想修改流动块时，选中流动块（在流动块周围出现选中标志，即白色小方块），鼠标指针指向小方块，按住左键不放，拖动鼠标，即可调整流动块的形状。流动块的属性设置与变量连接如图 2.6.7 所示。

（a）　　　　　　　　　　　　　　　　（b）

图 2.6.7　流动块的属性设置

（c）　　　　　　　　　　　　　（d）

图2.6.7　流动块的属性设置（续）

4）标准按钮

选择"工具箱"内的"标准"按钮 ，鼠标的光标呈"十"字形，在窗口拖曳鼠标，根据需要拉出一个一定大小的按钮。双击该按钮图符，弹出"标准按钮构件属性设置"对话框，如图2.6.8所示。单击"基本属性"标签，打开"基本属性"选项卡，将"按钮标题"文本框的内容更改为"启动"，对齐方式均采用"中对齐"；对字体及字体颜色进行设置，按钮类型均为"标准3D按钮"。单击"确认"按钮退出，用同样的方法绘制"停止"按钮及界面中其他类似功能的按钮。

图2.6.8　"标准按钮构件属性设置"对话框

5）指示灯

系统的动画组态窗口需要一个"启动状态"指示灯和一个"停止状态"指示灯。可利用对象元件库提供的"图形对象"完成指示灯画面的编辑。单击绘图工具箱中的"插入元件"按钮，打开"对象元件库管理"对话框，在"对象元件列表"中双击"指示灯"选项，在右边列表框中选择"指示灯8"到动画组态窗口中。将两个指示灯分别摆放到两个按钮的上方，保存设置。连接变量"运行"即可。

6）输入框

界面中的设定值均需输入框构件完成。单击工具箱中的"输入框"图标 **ab**，在界面中的响应位置绘制大小合适的矩形框，双击该输入框图符，打开属性设置，如图2.6.9所示。

图2.6.9　输入框属性设置

（a）"给定值"属性设置；（b）"积分"属性设置；

（c）"微分"属性设置；（d）"比例"属性设置

7）显示输出

为了显示输出压力，需要标签来实现。单击工具箱中的"标签"图标 **A** ，在合适的位置绘制大小合适的矩形框，双击该图符，其设置如图2.6.10所示。

图2.6.10 标签显示输出属性设置

恒压供水组态画面绘制如图2.6.11所示。

图2.6.11 恒压供水动画组态画面

4. 恒压供水监控系统报警显示

1）报警的定义

首先要对所要报警的数据在实时数据库中设置，具体操作为进入"实时数据库"窗口，双击数值量"出压报警"，将其中的"报警属性"打开，并允许进行报警处理，在下限和上限报警中设置好某个数值，本项目中出口压力检测最大值为模拟量 10 V，对应数值量 32 000，经标变后最大值为 1.0。图 2.6.12 表示"出压报警"下限报警值为 0.6，上限报警值为 0.9，其他数值量报警依此类推，报警数据在数据库窗口设置完成后，即可进入用户窗口，新增一个画面，以实现报警数据的监测。

图 2.6.12 "出水压力"数据变量报警属性设置窗口

2）报警显示

单击工具箱中的"报警显示"图标 ，鼠标的光标变为"十"字形后用鼠标拖动图标到适当位置与大小，如图 2.6.13 所示。

时间	对象名	报警类型	报警事件	当前值	
06-04 19:38:34.Data0		上限报警	报警产生	120.0	10
06-04 19:38:34.Data0		上限报警	报警结束	120.0	10
06-04 19:38:34.Data0		上限报警	报警应答	120.0	10

图 2.6.13 报警控制显示设置

双击数据报警图形构件，再双击，弹出图 2.6.14 所示的对话框，在"报警显示构件属性设置"中，把"对应的数据对象的名称"改为"出压报警"，把"最大记录次数"设为6。按"确认"按钮后，报警显示设置完毕。

3）报警数据处理

在报警定义时，已经让当有报警产生时"自动保存产生的报警信息"，接下来对报警数据进行处理。

在"运行策略"中，单击"新建策略"，弹出"选择策略的类型"，选中"用户策略"，按"确定"按钮，如图 2.6.15（a）所示。选中"策略 1"，单击"策略属性"按钮，弹出"策略属性设置"窗口，把"策略名称"设为"报警数据"，把"策略内容注释"为"恒压供水报警数据"，按"确认"按钮，如图 2.6.15（b）所示。

图 2.6.14 出水压力属性设置窗口

（a）

（b）

图 2.6.15 报警数据设置

（a）新增"用户策略"；（b）新增用户策略属性设置

选中"报警数据"，单击"策略组态"按钮进入，在策略组态中，单击工具条中的"新增策略行"图标 ，新增加一个策略行。再从策略工具箱中选取"报警信息浏览"，加到策略行 上，单击鼠标左键，如图 2.6.16 所示。

恒压供水报警数据

报警信息浏览

图 2.6.16 添加报警信息浏览

双击 图标，弹出"报警信息浏览构件属性设置"窗口，在"基本属性"中，把"报警信息来源"中的"对应数据对象"改为"出压报警"。按"确认"按钮，设置完毕，如图 2.6.17（a）所示。按"测试"按钮，进入"报警信息浏览"，如图 2.6.17（b）所示。

（a）

（b）

图 2.6.17　报警信息浏览属性设置及测试
（a）报警信息浏览属性设置；（b）报警信息浏览测试

退出策略组态时，会弹出如下窗口，按"是"按钮，就可对所作设置进行保存，如图 2.6.18 所示。

图 2.6.18　退出策略组态保存窗口

如何在运行环境中看到刚才的报警数据呢？请按如下步骤操作：

在 MCGS 组态平台上，单击"主控窗口"，在"主控窗口"中，选中"主控窗口"，单击"菜单组态"进入。单击工具条中的"新增菜单项"图标 ，或用鼠标右键单击空白处，选择"新增菜单项"，这时会产生"操作 0"菜单。双击"操作 0"菜单，弹出"菜单属性设置"窗口。在"菜单属性"中把"菜单名"改为"报警数据"。在"菜单操作"中选中"执行运行策略块"，选中"报警数据"，按"确认"按钮，设置完毕，如图 2.6.19 所示。

图 2.6.19　主控窗口中新建菜单的属性设置

现在直接按 F5 键或直接按工具条中的 图标，进入运行环境，就可以用"报警数据"菜单打开报警历史数据。

4）修改报警限值

在实时数据库中，对"出压报警"的上、下限报警值都定义好了，如果想在运行环境下根据实际情况随时需要改变上、下限报警值，又如何实现呢？MCGS 提供了大量的函数，可以根据需要灵活地进行运用。

在实时数据库中选"新增对象"，增加两个数值型变量，分别为出压报警上限、出压报警下限、其初值分别设置为 0.9、0.6。

在"用户窗口"的工具箱中选"标签"图标 **A** 用于文字注释，选"输入框"图标 abl 用于输入上、下限值。双击"输入框"图符，进行属性设置，只需要设置"操作属性"，其他不变，如图 2.6.20 所示。

在 MCGS 组态平台上，单击"运行策略"，在"运行策略"中双击"循环策略"，双击 图标进入脚本程序编辑环境，在脚本程序中增加如下语句：

!SetAlmValue（出压报警,出压报警上限,3）

!SetAlmValue（出压报警,出压报警下限,2）

（a）   （b）

图 2.6.20　出压报警限值输入框的属性设置

（a）出压报警上限操作属性设置；（b）出压报警下限操作属性设置

如果对该函数 !SetAlmValue（出压报警，出压报警上限，3）不了解，可以求助"在线帮助"，按"帮助"按钮，弹出"MCGS 帮助系统"，在"索引"中输入"!SetAlmValue"。更多函数参照书后附录。

5. 实时曲线

实时曲线构件是用曲线显示一个或多个数据对象数值的动画图形，像笔绘记录仪一样实时记录数据对象值的变化情况。

在用户窗口中，双击"实时数据曲线构件"图标 ，弹出"实时曲线构件属性设置"对话框，在"标注属性"选项组中进行设置，如图 2.6.21（a）所示。对于"X 轴标注"标注颜色：黄色，标注间隔：1，时间单位：秒钟，X 轴长度：20。对于"Y 轴标注"，标注颜色：黄色，标注间隔：1，最小值：0.0，最大值：100.0。单击"画笔属性"，设置"画笔对应的表达式和属性"，如图 2.6.21（b）所示。将曲线 1 的表达式设为"给定值 ∗100"，"颜色"选择"绿色"，"线型"选择"粗线条"；将曲线 2 的表达式设为"出口压力/32000"，"颜色"选择"红色"，"线型"选择"粗线条"。单击"确认"按钮退出即可。

按"确认"按钮，在运行环境中单击"数据显示"菜单，就可看到实时曲线，双击曲线可以放大曲线。

6. 历史趋势

历史曲线构件实现了历史数据的曲线浏览功能。运行时，历史曲线构件能够根据需要画出相应历史数据的趋势效果图。历史曲线主要用于事后查看数据和状态变化趋势并总结规律。

在用户窗口中，双击工具箱中的"历史曲线构件"图标 ，将之拖放到适当位置并调整大小。双击曲线，弹出"历史曲线构件属性设置"对话框，在"基本属性"选项组中进行设置，单击"存盘数据"，设置"历史数据存盘来源"，最后进行"标准设置"，如图 2.6.22 所示。

（a）

（b）

图 2.6.21 实时曲线构件属性设置

（a）标注属性设置；（b）画笔属性设置

（a）

（b）

（c）

（d）

图 2.6.22 "历史曲线构件属性设置"窗口

（a）基本属性设置窗口；（b）存盘数据窗口；（c）标注属性；（d）曲线标识

在运行环境中，单击"报表数据"菜单，打开"数据显示窗口"，就可以看到实时曲线、历史曲线。

7. 设备连接

本项目的外设采用 S7-200PLC + EM235 实现对供水系统出口压力的闭环控制，其中 AIW0 为出口压力检测通道、AQW0 为模拟量输出通道，通过电流型输出形式作为变频器输出值。

I/O 具体分配如下：

模拟量输出：AQW0；变频器输出：4~20 MA。

模拟量输入：AIW0；出口压力：0~10 V。

在设备窗口中双击"设备窗口"图标，进入"设备组态"窗口，单击工具条中的"工具箱"按钮，打开设备工具箱。单击设备工具箱中的"设备管理"按钮，在可选设备列表中，双击"通用设备"，即将设备工具箱中的通用串口父设备添加到设备组态窗口中，如图 2.6.23 所示。

图 2.6.23 "通用串口设备属性编辑"窗口

选中"设备0"，通过鼠标右键点击快捷菜单中的"属性"命令，进入"设备属性设置"窗口，单击"设备属性设置"窗口中的"通道连接"选项栏，进行内部属性设置，如图 2.6.24 所示。

单击"设备属性设置"窗口中的"设备调试"选项栏，可对数据对象连接参数进行修改，如图 2.6.25 所示。

温馨提示：

（1）通用串口设备需正确选择，采集周期选小些为好，以提高响应速度。

（2）通道选择分为 I、Q、M、V。

图2.6.24　"设备属性设置"窗口

图2.6.25　通用串口设备属性窗口

（3）设备调试中，对于通道0，需要测试到通道值为0，才表示通信成功。

8. 下位机程序设计

下位机PLC程序如下所示，其中PID子程序为初始化设置，VD104为给定值，可通过组态桌面设置；VD112为增益系数，VD116为采样时间，VD120为积分时间，VD124为微分时间，可根据具体需要灵活设置；PID中断程序中，VD100为出口压力当前值，VD108为输出当前值，AIW0为采样出口压力，AQW0为模拟量输出值，用于变频器当前输出，以下程序仅供参考。

主程序（网络1~网络3）：

子程序（网络1）：

中断程序（网络1～网络3）：

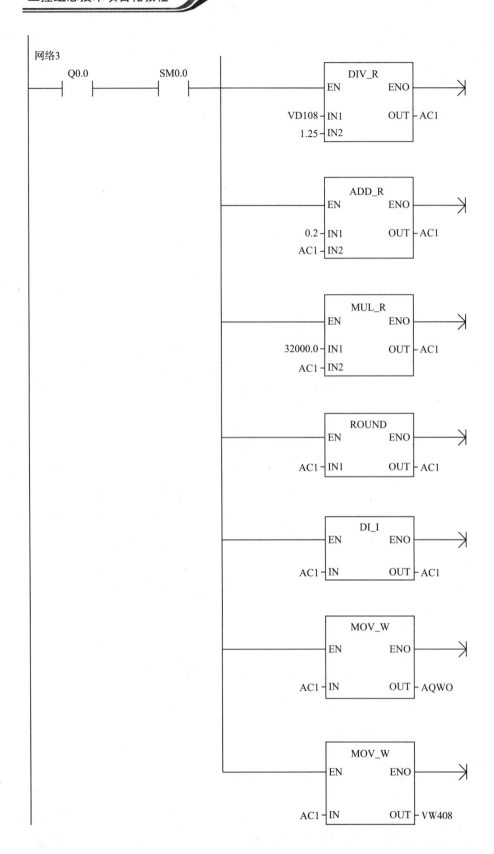

网络3

组态脚本控制参考程序如下：

```
出压报警 = 出口压力 /32000
IF 启动 = 1 THEN 运行 = 1
IF 停止 = 1 THEN 运行 = 0
```

2.6.5　项目总结与评价

本项目重点学习恒压供水监控系统的构成和画面制作、PLC 模拟量的设备连接、数据库中数值量的定义和使用、报警和实时曲线的窗口操作与动态连接、组态脚本程序和 PLC 控制程序中的 PID 控制方法。通过本项目的设计调试，读者可基本掌握工业现场设备组态监控的框架结构和设计思路。本项目评价可参考表 2.6.2。

表 2.6.2　恒压供水监控系统项目自我评价

评价内容	评价标准	分值	得分	有待提高部分
数据库变量的建立	变量的数据类型正确，不缺项	10 分		
组态界面的制作	画面美观，不缺项	10 分		
界面动画连接	动画效果正确显示	20 分		
控制程序设计	构件策略使用正确，运行动态效果正确	10 分		
报警数据	实时报警信息浏览	10 分		
曲线设计	实时曲线和历史曲线	10 分		
报表设计	实时数据显示和历史数据报表	10 分		
项目整体调试	整体运行效果符合要求	20 分		
项目收获				

2.6.6　问题与思考

（1）如何用一台 PLC 实现一个单闭环恒值控制？

（2）如何根据系统的性质选择 PID 算法中的各类参数？

（3）如何提高大惯性系统的控制精度和响应时间？

实践项目 2.6　锅炉液位定值控制系统设计

1. 控制要求

用 S7 - 200 和采集卡编程实现锅炉双水位闭环控制，用 MCGS 组态软件实现在线监控和参数设置,可采用两种方法完成:①用 PLC 控制变频器实现一号水箱的输出控制,用采集卡控制二号水箱的输出控制,用组态实现动作模拟和实时信号监控;②全部采用采集卡实现双水位 PID 闭环控制,用组态实现动作模拟和实时信号监控。

(1)系统运行时,先通过组态桌面设置两个水箱的设定值和 PID 参数,并将其送给 PLC 或采集卡,再通过 PLC 和采集卡自动检测两个压力传感器的当前值(代表水箱液位高度)。

(2)当一号水箱的水位小于给定值的 70% 时,PLC 控制变频器全速运行,

(3)当一号水箱的水位在给定值的 70%～100% 时,PLC 输出控制变频器采用 PID 方式,最终达到稳态调节。

(4)当二号水箱的水位小于给定值的 80% 时,组态脚本控制采集卡满量程输出,电动调节阀全开通,将一号水箱的水快速注入二号水箱,当二号水箱的水位在给定值的 80%～100% 时,采集卡输出控制采用组态脚本 PID 控制,最终达到稳态调节。

(5)组态系统运行中,需实时检测外部参数,包括水箱当前液位、变频器和调节阀的输出状态。

(6)组态系统需实现实时曲线监控、报警显示和数据储存。

2. 用户窗口

锅炉液位定值控制系统的参考画面如图 2.6.26 所示。

图 2.6.26 锅炉液位定值控制系统的参考画面

MCGS嵌入版组态软件应用

项目一 自动生产线运行监控系统设计

3.1.1 项目导入

1. 学习目标

（1）了解自动生产线工艺流程，熟悉硬件结构及组成；

（2）熟悉 MCGS 嵌入版组态软件西门子 PLC 的通信设置及变量连接；

（3）熟练使用 MCGS 嵌入版组态软件对生产线运行系统监控界面进行设计并调试。

2. 项目描述

本项目来源于全国"自动化生产线安装与调试"技能大赛，大赛采用浙江亚龙科技集团有限公司生产的 YL-335B 自动线综合实训考核设备作为竞赛平台，综合了可编程器件，变频器，嵌入式触摸屏，伺服驱动，传感器，工业网络，气动、电气接线等技术，以职业技能大赛引领专业教学。

通过嵌入式组态 TPC 实现自动化生产线联机运行控制与监控。

（1）触摸屏应连接到系统中主站 PLC 的相应接口。在 TPC7062KS 人机界面上组态画面，要求用户窗口包括欢迎界面、输送单元测试界面及运行界面三个窗口。

（2）为生产安全起见，系统应设置操作员组和技师组两个用户组别。具有操作员组以上权限（操作员组或技师组）的用户才能启动系统。

（3）欢迎界面是启动界面，触摸屏上电并进行权限检查后运行，欢迎界面屏幕上方的标题文字向左循环移动，循环周期约 14 s，当触摸欢迎界面位图框内的任意部位时，都将切换到输送单元测试界面。欢迎界面如图 3.1.1 所示。

图 3.1.1　欢迎界面

（4）输送单元测试界面应按照下列功能要求自行设计：

①输送单元测试包括抓取机械手装置单项动作测试和直线运动机构驱动测试。测试界面应能实现两项测试内容的切换。

②使用界面中的开关、按钮等元件，提供抓取机械手装置单项动作测试的主令信号。单项动作测试包括：升降气缸的提升/下降；手臂伸缩气缸的伸出/缩回；气动手指的夹紧/松开；摆动气缸的左旋/右旋。

③使用界面中的指示灯元件，显示测试时各气缸的工作状态。

④使用界面中的选择开关元件，提供直线运动机构驱动测试时运行速度的档次信号。界面上应能显示当前抓取机械手沿直线导轨运动的方向和速度数值。

⑤测试界面应提供切换到主界面的按钮，在单站测试完成的条件下，可切换到主窗口界面。

（5）运行界面窗口组态应按下列功能自行设计：

①提供系统工作方式（单站/全线）选择信号和系统启动信号。

②在运行界面上可设定计划生产套件总数，并在生产过程中显示尚需完成的套件总数。

③在人机界面上设定分拣单元变频器的运行频率（10～35 Hz），实时显示变频器启动后的输出频率。

④在人机界面上动态显示输送单元机械手装置的当前位置（以原点开关中心线位置为参考点，度量单位为毫米）。

⑤指示网络的运行状态（正常、故障）。

⑥指示各工作单元的运行、故障状态。其中故障状态包括：

a. 供料单元的供料不足状态和缺料状态。

b. 装配单元的供料不足状态和缺料状态。

c. 输送单元抓取机械手装置越程故障（左或右极限开关动作），以及工作单元运行中的紧急停止状态。发生上述故障时，有关的报警指示灯以闪烁方式报警。

⑦当计划生产任务完成时，系统将停止全线运行，这时可触摸返回欢迎界面的按钮，返回到欢迎界面，或触摸返回到安装测试界面的按钮，返回到输送单元测试界面。但若系统正在运行状态，触摸上述按钮将不予响应。

3.1.2 项目资讯

1. 自动化生产线的结构组成

YL-335B自动化生产线实训考核设备由安装在铝合金导轨式实训台上的供料单元、加工单元、装配单元、分拣单元和输送单元五个单元组成，其外观如图3.1.2所示。各工作单元均设置一台PLC承担其控制任务，各PLC之间通过RS-485串行通信实现互联，构成分布式的控制系统。

图3.1.2 YL-335B自动化生产线安装实训考核装置外观图

YL-335B自动生产线的工作目标是：将供料单元料仓内的工件送往加工单元的物料台，完成加工操作后，把加工好的工件送往装配单元的物料台，然后把装配单元料仓内的不同小圆柱工件嵌入物料台上的工件中，完成装配后的成品送往分拣单元分拣输出，分拣单元根据工件的材质、颜色进行分拣。

每一个工作单元都可自成一个独立系统，同时构成机电一体化系统。各个单元的执行机构大部分以气动为主，输送单元的机械手装置整体运行采用伺服驱动电机，分拣单元传送带驱动采用了通用变频器驱动三相异步电动机的交流传动装置。位置控制和变频器技术是现代工业企业应用最为广泛的电气控制技术。

本设备应用了多种类型的传感器，分别用于判断物体的运动位置、物体的通过状态、物体的颜色及材质等。传感器技术也是机电一体化中的关键技术之一，是现代工业实现高度自动化的前提之一。

在各个单元联机控制方面，本设备采用了基于 RS‒485 串行通信的 PLC 网络控制方案，即第一个工作单元由一台 PLC 承担控制任务，各 PLC 之间通过 RS‒485 串行通信实现互联的分布式控制方式。用户可根据需要选择不同厂家的 PLC 及其支持的 RS‒485 通信模式，组成一个 PLC 网络。另一方面，掌握基于 RS‒485 串行通信的 PLC 网络技术，将为进一步学习现场总线技术、工业以太网技术打下良好的基础。

2. 自动生产线控制系统认知

1）工作单元系统

YL‒335B 的每一个工作单元都由一台 PLC 控制。工作单元的 PLC 配置见表 3.1.1。

表 3.1.1　YL‒335B 中使用的 PLC 型号

PLC 型号/规格	应用的单元	性　　能
S7‒200‒224CN AC/DC/RLY	供料单元	共 14 点输入、10 点继电器输出
S7‒200‒224CN AC/DC/RLY	加工单元	共 24 点输入、16 点继电器输出
S7‒200‒224CN AC/DC/RLY	装配单元	共 14 点输入、10 点继电器输出
S7‒200‒224CN AC/DC/RLY	分拣单元	共 14 点输入、10 点继电器输出，共包含 3 个模拟量 I/O 点，其中 2 个输入点、1 个输出点
S7‒200‒224CN AC/DC/RLY	输送单元	共 24 点输入、16 点晶体管输出

2）联机运行网络系统

当各工作单元通过网络互联构成一个分布式的控制系统时，对于采用西门子 S7‒200 系列 PLC 的设备，YL‒335B 的标准配置是采用了 PPI 协议的通信方式。设备出厂的控制方案如图 3.1.3 所示。

图 3.1.3　YL‒335B 的通信网络

3）人机界面

系统运行的主令信号（复位、启动、停止等）通过触摸屏人机界面给出。同时，人机界面上也显示系统运行的各种状态信息。

人机界面是在操作人员和机器设备之间进行双向沟通的桥梁。YL‒335B 采用了昆仑通态（MCGS）TPC7062KS 触摸屏作为它的人机界面。TPC7062KS 是一款以嵌入式低功耗 CPU

为核心（主频为 400 MHz）的高性能嵌入式一体化工控机。该产品设计采用了 7 英寸①高亮度 TFT 液晶显示屏（分辨率为 800×480），四线电阻式触摸屏（分辨率为 4096×4096），同时还预装了微软嵌入式实时多任务操作系统 WinCE. NET（中文版）和 MCGS 嵌入式组态软件（运行版）。

3.1.3　项目分析

根据工作任务，对工程分析并规划。

1. 工程框架

有 3 个用户窗口，即欢迎界面、输送单元测试界面和运行界面，其中欢迎界面是启动界面。有一个策略，即循环策略。

2. 数据对象

输送站测试各切换开关、指示灯、按钮、速度、方向等；联机运行时各工作单元以及全线的工作状态指示灯，单机全线切换按钮，启动、停止、复位按钮，变频器输入频率设定，机械手当前位置等。

3. 图形制作（表 3.1.2）

表 3.1.2　用户窗口中图形元件的实现方法

用户窗口	图形中元件	实现方法
欢迎画面	1. 图片	位图加载实现
	2. 文字	标签构件
	3. 按钮	由对象元件库引入
输送单元测试界面	1. 文字	标签构件
	2. 按钮、指示灯、开关、时钟等	由对象元件库引入
	3. 机械手速度显示	文本显示框
	5. 返回欢迎界面按钮	标准按钮
运行画面	1. 文字	标签构件
	2. 按钮、开关、指示灯、时钟	由对象元件库引入
	3. 套件数量设定、频率输入设置	输入框构件
	4. 机械手当前位置	标签构件和滑动输入器

4. 流程控制

流程控制通过循环策略中的脚本程序策略块实现。

---

① 1 英寸 = 0.025 4 米。

3.1.4 项目实施

1. 新建工程

在已安装有 MCGS 嵌入版组态软件的计算机桌面上，双击"MCGSE 组态环境"快捷图标，进入 MCGS 嵌入版的组态环境界面。

选择"文件"→"新建工程"菜单命令，创建一个新工程。打开"新建工程设置"对话框，如图 3.1.4 所示。TPC 类型选择"TPC7062K"，点击"确定"按钮。

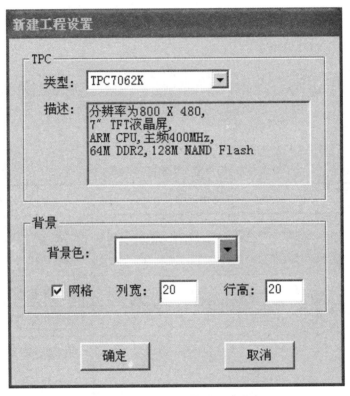

图 3.1.4 "新建工程设置"对话框

再单击"文件"→"工程另存为"菜单命令，对工程进行保存，更改工程文件名为"自动化生产线全线运行监控系统"，保存路径为"D:\MCGSE\WORK\自动化生产线全线运行监控系统"，如图 3.1.5 所示。

2. 定义数据对象

各测试画面中工作状态指示灯，切换按钮，启动、停止、复位按钮，变频器输入频率设定，机械手当前位置等，都是需要与 PLC 连接，进行信息交换的数据。定义数据对象的步骤如下：

（1）单击工作台中的"实时数据库"窗口标签，进入"实时数据库"窗口页。

（2）单击"新增对象"按钮，在窗口的数据对象列表中，增加新的数据对象，如图 3.1.6 所示。

图 3.1.5 保存工程

图 3.1.6 新增对象及设置

（3）选中对象，单击"对象属性"按钮，或双击选中对象，弹出"数据对象属性设置"对话框，然后编辑属性，最后加以确定。

按照此步骤完成自动生产线全部数据对象的建立。表3.1.3列出了全部数据对象。

表3.1.3　自动生产线数据对象

序号	对象名称	类型	序号	对象名称	类型
1	HMI就绪	开关型	26	运行_分拣	开关型
2	越程故障_输送	开关型	27	手爪当前位置_输送	数值型
3	运行_输送	开关型	28	移动	数值型
4	单机全线_输送	开关型	29	未完成套件数	数值型
5	单机全线_全线	开关型	30	套件数设定	数值型
6	复位按钮_全线	开关型	31	单项直线测试切换	开关型
7	停止按钮_全线	开关型	32	直线测试速度设定	开关型
8	启动按钮_全线	开关型	33	上升	开关型
9	单机全线切换_全线	开关型	34	下降	开关型
10	网络正常_全线	开关型	35	伸出	开关型
11	网络故障_全线	开关型	36	缩回	开关型
12	运行_全线	开关型	37	夹紧	开关型
13	急停_输送	开关型	38	放松	开关型
14	最高频率设定_分拣	数值型	39	左旋	开关型
15	单机全线_供料	开关型	40	右旋	数值型
16	运行_供料	开关型	41	抬升下限检测	开关型
17	料不足_供料	开关型	42	抬升上限检测	开关型
18	缺料_供料	开关型	43	伸出检测	开关型
19	单机全线_加工	开关型	44	缩回检测	开关型
20	运行_加工	开关型	45	夹紧检测	开关型
21	单机全线_装配	开关型	46	左旋检测	开关型
22	运行_装配	开关型	47	右旋检测	开关型
23	料不足_装配	开关型	48	运行方向左	开关型
24	缺料_装配	开关型	49	运行方向右	开关型
25	单机全线_分拣	开关型	50	手爪当前速度	数值型

3. 界面组态

1）界面创建

本项目中包含三个用户窗口，即欢迎界面、输送单元测试界面及运行界面，它们均需要在用户窗口中创建。单击工作台中的"用户窗口"标签，进入"用户窗口"页，单击"新建窗口"按钮，即可增加新的用户窗口，如图 3.1.7 所示。窗口属性编辑步骤如下（图3.1.8）：

图 3.1.7　新建用户窗口　　　　　　　图 3.1.8　用户窗口属性编辑

用鼠标右键单击"窗口 0"→"属性"命令，进入"用户窗口属性设置"对话框，"窗口名称"和"窗口标题"均填写"欢迎界面"，"窗口背景"根据自己的爱好选择颜色，如图 3.1.9 所示。

图 3.1.9　欢迎界面属性设置

209

同理，将"窗口1"和"窗口2"重新命名为"测试界面""运行界面"，如图3.1.10 所示。

图 3.1.10 用户窗口创建成功

2）欢迎界面组态

在"用户窗口"中选中"欢迎界面"，用鼠标右键单击选择菜单中的"设置为启动窗口"命令，将该窗口设置为运行时自动加载的窗口，如图3.1.11 所示。

图 3.1.11 设置启动窗口

选中"欢迎界面"窗口图标，单击窗口右侧的"动画组态"按钮，进入"动画组态"窗口开始编辑画面；或者双击"欢迎界面"窗口图标，直接进入编辑画面。

（1）装载位图。

单击工具箱（如图 3.1.12 所示）内的"位图"按钮 ，鼠标的光标呈"十"字形，在窗口左上角位置拖动鼠标，拉出一个矩形，使其填充整个窗口。在位图上单击鼠标右键，选择"装载位图"，找到要装载的位图，单击选择该位图，如图 3.1.13 所示，然后单击"打开"按钮，则该图片装载到窗口。

图 3.1.12　工具箱

图 3.1.13　装载位图

（2）制作按钮。

单击绘图工具箱中的"标准"按钮 ，在窗口中拖出一个大小合适的按钮，双击按钮，弹出属性设置窗口，如图 3.1.14（a）所示；在"可见度属性"选项卡中选中"按钮不可见"，如图 3.1.14（b）所示；在"操作属性"选项卡中单击"按下功能"按钮，打开用户窗口时候选择"运行界面"，并使数据对象"HMI 就绪"的值置 1。

（3）制作循环移动的文字框图。

①单击工具箱内的"标签"按钮 ，将之拖动到窗口上方中心位置，根据需要拉出一个大小合适的矩形。在鼠标光标闪烁位置输入文字"欢迎使用 YL－335B 自动化生产线

实训考核装置！"，按 Enter 键或在窗口的任意位置单击，完成文字输入。

（a）

（b）

（c）

图 3.1.14　按钮属性设置

②设置静态属性，如图 3.1.15（a）所示。文字框的背景颜色：没有填充；边线颜色：没有边线；字符颜色：艳粉色。点击 按钮，设置文字字体，如图 3.1.15（b）所示，字体为微软雅黑、粗体、二号，点击"确定"按钮保存。

③为了使文字循环移动，在"位置动画连接"中选中"移动"，这时在对话框末端就增添了"水平移动"窗口标签，如图 3.1.16（a）所示。水平移动属性页的设置如图 3.1.16（b）所示。

（a） （b）

图3.1.15 设置静态属性

（a） （b）

图3.1.16 文字标签属性编辑

　　为了实现文字在窗口内水平移动，还需确定对应连接对象的表达式，然后再定义表达式的值所对应的偏移量。为此，在实时数据库中定义一个内部数据对象"移动"作为表达式，它是一个与文字对象的位置偏移量成比例的增量值。当表达式"移动"的值为0时，文字对象的位置享有移动0点，（即不动），当表达式"移动"的值为1时，对象的位置向左移动5点（-5），即"移动"变量与文字对象的位置之间的关系式为斜率为-5的线性关系。

　　触摸屏图形对象所在的水平位置定义为：以左上角为坐标原点，单位为像素点，向左为负方向，向右为正方向。TPC7062K触摸屏的分辨率是800×480像素，文字串"欢迎使用YL-335B自动化生产线实训考核装置！"向左全部移出的偏移量约为-700像素，故表达式"移动"的值为+140。文字循环移动的策略是：如果文字串向左全部移出，则返回初始位置重新移动。

组态循环策略的具体操作如下：

在"运行策略"中，双击"循环策略"，进入策略组态窗口，如图3.1.17所示。

图3.1.17　运行策略对话框

双击 ▦▦▦ 图标进入"策略属性设置"，将循环时间设为100 ms，单击"确认"按钮，如图3.1.18所示。

图3.1.18　循环策略循环时间设置

在策略组态窗口中，单击工具条中的"新增策略行"图标，或者在窗口空白处单击鼠标右键，选择"新增策略行"，增加一策略行，如图3.1.19所示。

图3.1.19　新增策略行

单击策略工具箱中的"脚本程序"，将鼠标指针移到策略块图标上，单击，即可添加脚本程序构件，如图3.1.20所示。

按照设定的时间循环运行

脚本程序

图3.1.20　添加脚本程序构件

双击 图标，进入策略条件设置，在表达式中输入1，即始终满足条件。

双击 图标，进入脚本程序编辑环境，输入下面的程序：

```
IF 移动 < = 140 THEN
    移动 = 移动 + 1
ELSE
    移动 = -140
ENDIF
```

单击"确认"按钮，脚本程序编写完毕。

3）输送单元测试界面组态

双击"测试界面"，进入输送单元测试界面的编辑与组态。制作输送单元测试界面的标题文字、插入时钟，在工具箱中选择直线构件，把标题文字下方的区域划分为两部分。区域左面制作机械手单项测试和直线运动机构驱动测试选择画面、机械手单项测试画面，区域右面制作直线运动机构驱动测试画面，如图3.1.21所示。

图3.1.21　输送单元测试界面

（1）静态文本。

现以标题文本的编辑为例。在工具箱中点击"标签"图标 **A**，在窗口顶端画出大小合适的矩形框，输入文字"输送单元测试界面"，点击窗口空白处完成文字编辑；双击标签矩形框，进入标签编辑对话框，标签的设置如图 3.1.22 所示。

界面中的其他静态文本的编辑方法同上，在此不再赘述。

图 3.1.22　标签的设置

（2）插入时钟。

点击工具箱中的"插入元件"图标 ，打开"对象元件库管理"对话框，在"对象元件列表"中选择"时钟"，在右侧展现出来的所有时钟中选择"时钟 4"，点击"确定"按钮，如图 3.1.23 所示。

图 3.1.23　插入时钟

（3）选择开关。

双击机械手单项测试盒直线运动机构驱动测试选择画面中的选择开关，进入选择开关属性设置，动画属性连接如图 3.1.24 所示。常用图符如图 3.1.25 所示。

图 3.1.24　选择开关动画属性连接

图 3.1.25　常用图符

（4）指示箭头。

点击工具箱中的"常用符号"图标 ，打开"当用图符"工具箱，点击 图标，在指定位置画出大小适合的矩形框，双击该图形，即可编辑图符的属性。属性编辑方法同"标签"的编辑方法。选中"特殊动画连接"中的"闪烁效果"复选框，在新增的"闪烁效果"标签页中，连接"运动方向左"变量，选中"用图元可见度变化实现闪烁"，实现机械手运动方向指示。组态方法如图 3.1.26 所示。

（a）

（b）

图 3.1.26　机械手运动方向指示

（5）速度显示。

"直线运动驱动机构测试状态"单元中的机械手运动速度的显示，是通过"标签"元件来实现的。选中"输入输出连接"中的"显示输出"复选框，标签页中便增加了"显示输出"标签页。具体设置内容如图 3.1.27（a）所示。在"显示输出"标签页中，点击"表达式"中的 ? 按钮，连接变量"手爪当前速度"，单击"确认"按钮保存，如图 3.1.27（b）所示。

（a） （b）

图 3.1.27 机械手运动速度显示设置

4）按钮

（1）返回运行界面按钮。

单击工具箱中的"标准按钮"图标，在窗口中的合适位置拖出大小合适的按钮，组态其"基本属性"标签页和"操作属性"标签页，如图 3.1.28 所示。

（a） （b）

图 3.1.28 返回运行界面按钮的组态

（2）机械手单项动作测试按钮。

点击工具箱中的"标准按钮"图标，在窗口中的合适位置拖出大小合适的按钮，在"操作属性"标签页中单击"抬起功能"，选中"数据对象值操作"，单击 ? 按钮，连接"上升"变量，选择"按1松0"，单击"确认"按钮保存，如图3.1.29所示。

图3.1.29 机械手单项动作测试按钮组态

机械手单项动作测试的其他按钮：下降、伸出、缩回、夹紧、放松、左旋、右旋的组态方法同上，变量连接PLC测试程序中各单项动作启动信号。

5）机械手气缸状态显示

机械手气缸状态显示由传感器检测获得。气缸状态指示对象连接如图3.1.30所示。使用"对象元件库"中的"指示灯6"的颜色变化，在监控画面中指示气缸状态，下位机PLC数据连接，参考画面如图3.1.31所示。

图3.1.30 气缸状态指示对象连接

变量选择

变量选择方式
○ 从数据中心选择|自定义   ○ 根据采集信息生成   确认   退出

根据设备信息连接
选择通讯端口 [▼]   通道类型 [▼]   数据类型 [▼]
选择采集设备 [▼]   通道地址 [   ]   读写类型 [▼]

从数据中心选择
选择变量 [抬升上限检测   ]   ☑数值型 ☑开关型 ☑字符型 ☑事件型 □组对象 ☑内部对象

对象名	对象类型
$Time	字符型
$Timer	数值型
$UserName	字符型
$Week	数值型
$Year	数值型
HMI就绪	开关型
InputETime	字符型
InputSTime	字符型
InputUser1	字符型
InputUser2	字符型
单项直线测试切换	开关型
放松	开关型
夹紧	开关型
夹紧检测	开关型
上升	开关型
伸出	开关型
伸到位	开关型
手爪当前速度	数值型
缩到位	开关型
缩回	开关型
抬升上限检测	开关型
抬升下限检测	开关型
下降	开关型
移动	数值型
右限	开关型
右旋	开关型
运动方向左	开关型
左限	开关型
左旋	开关型

图 3.1.31   下位机 PLC 气缸状态指示变量连接

输送单元测试界面组态完成，如图 3.1.21 所示。

6）全线运行界面组态

制作运行界面的标题文字，插入时钟，在工具箱中选择直线构件，把标题文字下方的区域划分为两部分（同测试界面）。区域左侧制作各从站单元画面，区域右侧制作运行界面输送单元画面。

（1）从站单元画面组态。

以供料单元为例，其制作方法同测试界面中的"气缸工作状态检测"单元，如图 3.1.32 所示。需要指出的是"料不足"和"缺料"两个状态指示灯有报警时闪烁功能的要求，下面通过制作供料单元缺料报警指示灯着重介绍这一属性的设置方法。

图 3.1.32   供料单元画面

与其他指示灯组态不同的是：缺料报警分段点 1 设置的颜色是红色，并且还需要组态闪烁功能。

双击"缺料"指示灯，打开指示灯的"单元属性设置"对话框［如图3.1.33（a）所示］，在"动画连接"选项卡中，单击 ＞ 按钮，进入"标签动画组态属性设置"对话框，在"填充颜色"选项卡中，将分段点1设置的颜色改为红色，如图3.1.33（b）所示。在"属性设置"选项卡的特殊动画连接框中选中"闪烁效果"，"填充颜色"旁边会出现"闪烁效果"选项卡，如图3.1.33（c）所示。选择"闪烁效果"选项卡，"表达式"选择为"缺料_供料"；在"闪烁实现方式"选项组中选择"用图元属性的变化实现闪烁"单选按钮；"填充颜色"选择黄色，如图3.1.33（d）所示。

（a）

（b）

（d）

（c）

图3.1.33 缺料指示状态组态

（2）输送单元画面。

这里着重说明"滑动输入器"的制作方法。

选中工具箱中的"滑动输入器"图标 ，在窗口的合适位置拖动鼠标，调整滑动块的大小；双击滑动块输入器构件，进入图 3.1.34（a）（b）（c）所示的属性设置窗口，按照图中所示的值设置各个参数。

单击"全限"按钮，弹出"用户权限设置"对话框，选择"管理员组"，单击"确认"按钮完成制作，如图 3.1.34（d）所示。

（a）

（b）

（c）

（d）

图 3.1.34　滑动输入器构件组态

注意：用户权限设置为管理员级别，这一步是必要的，这是因为滑动输入器构件具有读写属性，为了确保运行时用户不能干预（写入）手爪当前位置，必须对用户权限加以限制。制作完成的效果如图 3.1.35 所示。

图 3.1.35　运行界面完成图

4. 设备连接

PLC 内部变量进行连接，步骤如下：

（1）单击菜单栏中的"工作台"图标 ，退回到工作台界面，单击"设备窗口"选项卡，双击"设备窗口"，进入"设备组态"对话框。在空白处单击鼠标右键，打开设备工具箱，在可选设备列表中双击"通用串口父设备""西门子_ S7200PPI"。

如果设备可选列表为空，可以单击设备工具箱中的"设备管理"按钮，打开"设备管理"对话框，在左侧"可选设备"中选择需要添加的设备名称，单击"增加"按钮，即可添加到右侧"选定设备"中，单击"确认"按钮，保存完成，如图 3.1.36 所示。

（2）双击"通用串口父设备"，打开"通用串口设备属性编辑"对话框，参数设置如图 3.1.37 所示。

（3）双击"西门子_ S7200PPI"，进入设备编辑窗口，按表 3.1.2 所列的数据，逐一增加设备通道，如图 3.1.38 所示，窗口中变量不全，按照表 3.1.2 所示变量添加，同时 PLC 通道参照 PLC 输入输出信号进行连接。

图 3.1.36　设备管理器添加设备

图 3.1.37　通用串口父设备属性设置

图 3.1.38　设备编辑窗口

5. 联机调试

（1）按照控制要求，以传输站为主站，编写各工作单元控制程序。

（2）修改 PLC 程序，建立与触摸屏控制对应数据连接通道。

（3）通过 USB 数据线，下载组态程序到触摸屏并运行。

（4）功能测试。

①欢迎界面测试。

a. 欢迎界面是否正确，文字标题是否正确向左循环移动。

b. 单击图片，看能否切换到运行界面。

②输送站测试窗口测试。

a. 能否正确选择抓取机械手装置单项测试和直线运动机构驱动测试模式，选择对应 PLC 测试程序。

b. 选择专区机械手装置单项动作测试模式，依次单击上升、下降、伸出、缩回、夹紧、放松、左旋、右旋按钮，观察机械手的动作是否正确，观察气缸状态检测监视是否正确。

c. 选择直线运动机构驱动测试模式，选择低速测试，分别按下按钮盒上的 SB1、SB2，观察机械手是否向左、向右行进，行进时，方向指示是否正确，触摸屏速度是否正确显示为 50 mm/s；选择高速测试，分别按下按钮盒上的 SB1、SB2，观察机械手是否向左，右行进，行进时，触摸屏速度是否正确显示为 200 mm/s。

d. 按下返回运行界面按钮，看是否进入联机运行界面。

③运行界面测试。

a. 能否进行单击全线切换，各站单击/全线指示是否正确。

b. 在变频器频率给定输入框中输入设定频率40 Hz，设定分拣套件数为3。

c. 按下启动按钮，能否实现全线运行启动，观察各站运行流程是否正确。

d. 观察各站监控状态是否正确。

e. 观察未完成套件数是否正确变化。

f. 观察机械手当前位置显示是否正确。

g. 按下停止按钮，正常完成一个周期后，能否停止运行，重新按下启动按钮，继续运行。

h. 达到设定套件数量时，看能否自行停止运行。

i. 按下"测试界面"按钮，看能否进入输送站测试窗口。

（5）常见问题处理。

a. 欢迎画面文字不能移动：检查循环策略脚本是否正确，循环周期是否设置，文字属性设置是否正确。

b. 输送站测试窗口测试模式不能选择：选择按钮属性设置错误，PLC程序错误。

c. 机械手装置单项动作测试状态指示不正确：指示灯属性设置错误，检测传感器调整不到位等。

注意：在调试的过程层，确保站号分配正确、各站通信参数设置正确、通信连接线正确，联机测试时各站才能正常通信；联机调试时，确保动作流程正确、机械定位准确，机械手动画才能正确显示。

在调试过程中，将调试结果填入表3.1.4所示的功能测试单中，方便解决调试故障，并可根据表3.1.4对任务完成情况作出评价。

表3.1.4　功能测试单

操作步骤 ＼ 操作单元	供料站	加工站	装配站	分拣站	输送站
单站测试					
启动全线					
主界面机械手位置					
观察显现套件数					
停止					

3.1.5　项目总结与评价

本项目评价可以参考表3.1.5所示的评价内容，教师和学生可以进行师评和自评。

表 3.1.5　自动生产线运行监控系统自我评价

评价内容	评价标准	分值	得分	有待提高部分
数据库变量的建立	变量的数据类型正确，不缺项	10 分		
组态界面的制作	画面美观，不缺项	10 分		
界面动画连接	动画效果正确显示	20 分		
控制程序设计	构件策略使用正确，运行动态效果正确	10 分		
设备连接	PC 与 TPC 通信正常	10 分		
数据变量连接	上位机与下位机数据连接正确	10 分		
下位机程序设计	下位机 PLC 程序编写正确	10 分		
项目整体调试	整体运行效果符合要求	20 分		
项目收获				

3.1.6　问题与思考

（1）联机时，各站要设置哪些全线联机信号？

（2）套件数设定是如何传送到 PLC 计数器中的？

（3）移动属性的原理是什么？MCGS 显示屏坐标是如何定义的？

（4）调试过程会出现哪些问题？其可能原因是什么？应怎么解决？

（5）伺服速度的数值是如何交换得来的？

实践项目 3.1　自动生产线分拣单元监控设计

1. 控制要求

通过嵌入式组态 TPC 实现自动化生产线分拣单元的控制与监控。

（1）单站/全线模式可选，并指示运行模式，启动、停止状态。

（2）启动后，当传送带入料口人工放下已装配的工件时，变频器即启动，驱动传动电动机以触摸屏给定的速度，把工件带往分拣区，频率在 40～50 Hz 区间可调节。

（3）各料槽工件累计数据在触摸屏上给以显示，且数据在触摸屏上可以清零。

（4）显示推杆 1 电磁阀、推杆 2 电磁阀、推杆 3 电磁阀、物料口检测、金属检测、光纤检测、推杆 1、推杆 2、推杆 3 是否到位等一系列信号，实时反映设备的运动全过程。

（5）通过"实时数据浏览"和"报警信息浏览"显示当前运行过程中的报警信息。

（6）完成画面、实时数据、设备连接状态。

2. 参考数据对象定义

参考数据对象定义见表3.1.6。

表 3.1.6　参考数据对象定义

序号	名称	数据类型	序号	名称	数据类型
1	单机/全线切换	开关型	8	变频器频率给定	数值型
2	启动按钮	开关型	9	白芯金属工件累计	数值型
3	停止按钮	开关型	10	白芯塑料工件累计	数值型
4	复位按钮	开关型	11	黑芯金属工件累计	数值型
5	单机/全线指示	开关型			
6	运行指示	开关型			
7	停止指示	开关型			

3. 参考界面设计

分拣站参考界面设计如图3.1.39所示。

图 3.1.39　分拣站参考界面设计

项目二　四层升降电梯监控系统设计

3.2.1　项目导入

1. 学习目标

（1）掌握用 MCGS 嵌入版组态软件组建工程的一般步骤；

（2）掌握四层升降电梯组态界面设计、图符的制作、图符和按钮的组态；

（3）掌握硬件设备的连接与调试运行、MCGS的设备组态方法，实现三菱PLC控制系统和MCGS组态工程的联机调试，完成四层升降电梯监控系统设计。

2. 项目描述

近年来，随着城镇化的推进及居民生活水平的提高，电梯已成为百姓生产、生活中不可或缺的垂直交通工具。本项目介绍用嵌入版组态软件完成四层升降电梯监控系统制作过程，涉及嵌入版工程建立、数据对象定义、图符动画连接、循环脚本、主控窗口组态、安全机制、设备窗口组态，PLC软硬件设计、联机统调等多项操作。本项目的重点是主控窗口组态及安全机制。

用PLC实现四层升降电梯系统的运行控制，使用上位机MCGS组态软件实现对电梯系统的监控。具体实现的功能如下：

（1）行车途中遇呼梯信号时，顺向截车，反向不截车。

（2）内选信号和呼梯信号具有记忆功能，执行后解除。

（3）内选信号、呼梯信号、行车方向、行车楼层位置均由信号指示灯指示。

（4）行车时不能手动开门或本层呼梯开门，开门不能行车。

（5）可通过上位机组态工程中的按钮模拟一层到四层的内呼信号和外呼信号。

（6）可以在上位机组态工程中监控电梯系统各设备的状态及运行情况。

（7）上位机组态画面中，具有各楼层呼叫指示灯显示功能及当前的楼层显示。

（8）建立安全机制，对工程文件进行加密，并按权限划分人员的管理范围。

（9）电梯原始停在一层，上、下行的详细控制要求如下：

①电梯上行：

a. 当电梯停于1楼或2楼、3楼，4楼呼叫，则上行，到4楼碰行程开关后停止。

b. 电梯停于1楼或2楼，3楼呼叫、则上行，到3楼行程开关控制停止。

c. 电梯停于1楼，2楼呼叫，则上行，到2楼行程开关控制停止。

d. 电梯停于1楼，2楼、3楼同时呼叫，则电梯上行到2楼，执行开关门后，继续上行，到3楼停止。

e. 电梯停于1楼，3楼、4楼同时呼叫，电梯上行到3楼，执行开关门后，继续上行，到4楼停止。

f. 电梯停于1楼，2楼、4楼同时呼叫，电梯上行到2楼，执行开关门后，继续上行，到4楼停止。

g. 电梯停于1楼，2楼、3楼、4楼同时呼叫，电梯上行到2楼，执行开关门后，继续上行到3楼，执行开关门后，继续上行，到4楼停止。

h. 电梯停于2楼、3楼，4楼同时呼叫，电梯上行到3楼，执行开关门后，继续上行，到4楼停止。

②电梯下行：

a. 电梯停于4楼或3楼、2楼，1楼呼叫，电梯下行，到1楼停止。

b. 电梯停于4楼或3楼，2楼呼叫，电梯下行，到2楼停止。

c. 电梯停于4楼，3楼呼叫，电梯下行，到3楼停止。

d. 电梯停于4楼，3楼、2楼同时呼叫，电梯下行到3楼，执行开关门后，继续下行，到 2 楼停止。

　　e. 电梯停于 4 楼，3 楼、1 楼同时呼叫，电梯下行到 3 楼，执行开关门后，继续下行，到 1 楼停止。

　　f. 电梯停于 4 楼，2 楼、1 楼同时呼叫，电梯下行到 2 楼，执行开关门后，继续下行，到 1 楼停止。

　　g. 电梯停于 4 楼，3 楼、2 楼、1 楼同时呼叫，电梯下行到 3 楼，执行开关门后，继续下行到 2 楼，执行开关门后，继续下行，到 1 楼停止。

3.2.2　项目资讯

1. 主控窗口组态

　　MCGS 的主控窗口是组态工程的主窗口，是所有用户窗口的父窗口。主控窗口相当于一个大的容器，可以放置多个用户窗口，负责这些窗口的管理和调度，并调度用户策略的运行。同时，主控窗口又是组态工程结构的主框架，可以在主控窗口内建立菜单系统，创建各种菜单命令，展现工程的概貌和外观，设置系统运行流程及特征参数，方便用户的操作。

　　在 MCGS 单机版中，一个应用系统只允许有一个主控窗口，主控窗口是作为一个独立的对象存在的，其强大的功能和复杂的操作都被封装在对象的内部。组态时，只需对主控窗口的属性进行正确设置即可。

1）主控窗口属性设置

　　在 MCGS 工作台上选"主控窗口"页，如图 3.2.1 所示，选中要设置的"主控窗口"图标，单击该窗口中的"系统属性"按钮，或者单击工具条中的"显示属性"按钮，或者选择"编辑"菜单中的"属性"命令，则弹出"主控窗口属性设置"窗口，如图 3.2.2 所示。

图 3.2.1　工作台主控窗口

图 3.2.2 "主控窗口属性设置"窗口

该属性设置窗口共分为下列 5 个属性页，其基本功能如下：

（1）基本属性：指明反映工程外观的显示要求，包括工程的名称（窗口标题）、系统启动时首页显示的画面（称为软件封面）。

（2）启动属性：指定系统启动时自动打开的用户窗口（称为启动窗口）。

（3）内存属性：指定系统启动时自动装入内存的用户窗口。运行过程中，打开装入内存的用户窗口可提高画面的切换速度。

（4）系统参数：设置系统运行时的相关参数，主要是周期性运作项目的时间要求，例如画面刷新的周期时间、图形闪烁的周期时间等。建议采用缺省值，一般情况下不需要修改这些参数。

（5）存盘参数：该属性页中可以进行工程文件配置和特大数据存储设置，在通常情况下，不必对此部分进行设置。

2）基本属性设置

应用工程在运行时的概貌及外观，完全由主控窗口的基本属性决定。在图 3.2.2 中，选择"基本属性"标签按钮，即进入基本属性设置窗口页。

（1）窗口标题：设置工程运行窗口的标题，运行时显示在屏幕左上角。

（2）窗口名称：是指主控窗口的名称，默认为"主控窗口"，并灰显，不可更改。

231

（3）菜单设置：确定是否建立菜单系统，如果选择"无菜单"，运行时将不显示菜单栏。

（4）封面窗口：确定工程运行时是否有封面，可在下拉菜单中选择相应的窗口作为封面窗口，在一般情况下应设封面窗口，可显示工程名称等基本信息。

（5）封面显示时间：设置封面持续显示的时间，以秒为单位。运行时，单击窗口的任何位置，封面自动消失。封面显示时间设置为0时，封面将一直显示，直到鼠标单击窗口的任何位置时，封面方可消失。

（6）系统运行权限：设置系统运行权限。单击"权限设置"按钮，进入"用户权限设置"窗口，如图3.2.3所示，从中可将进入或退出工程的权限赋予某个用户组。无此权限的用户组中的用户，不能进入或退出该工程。选择"所有用户"，相当于无限制。

图3.2.3　系统运行的权限设置

同时，可在"基本属性"窗口"权限设置"按钮的下拉框中选择进入或退出时是否登录。选项包括：

"进入不登录，退出登录"，即当用户退出 MCGS 运行环境时需登录，进入时不必登录；

"进入登录，退出不登录"，即当用户启动 MCGS 运行环境时需登录，退出时不必登录；

"进入不登录，退出不登录"，即进入或退出 MCGS 运行环境时，都不必登录；

"进入登录，退出登录"，即进入或退出 MCGS 运行环境时，都需要登录。

（7）不显示标题栏：选择此项，运行 MCGS 运行环境时将不显示标题栏。

（8）不显示最大、最小化按钮：选择此项，运行 MCGS 运行环境时，标题栏中将不显示最大、最小化按钮。

（9）窗口内容注释：其起到说明和备忘的作用，对应用工程运行时的外观不产生任何影响。

3）启动属性设置

应用工程启动时，主控窗口应自动打开一些用户窗口，以显示某些图形对话，如反映工程特性的封面图形，主控窗口的这一些特性被称为启动特性。

在"主控窗口属性设置"窗口中选择"启动属性"页，进入启动属性设置页，如图3.2.4所示。图中左侧为"用户窗口列表"，列出了所有定义的用户窗口名称，如"登录界面"；右侧为启动时自动打开的用户窗口列表，即"自动运行窗口"，利用"增加"和"删除"按钮，可以调整自动启动的用户窗口。

图 3.2.4　系统启动属性设置

4）内存属性设置

在应用工程运行中，当需要打开一个用户窗口时，系统首先把窗口的特性数据调入内存，再执行打开窗口的指令，这样一个打开窗口的过程可能比较缓慢，满足不了工程的需要。为了加快用户窗口的打开速度，MCGS 提供了一种直接从内存中打开窗口的机制，即先把一些窗口装入内存，当需要调用这些窗口时，系统将直接从内存调用而不是从磁盘调用，从而节省了磁盘操作的开销时间。将位于主控窗口内的某些用户窗口定义为内存窗口，称为主控窗口的内存属性。MCGS 最多允许选择 20 个用户窗口在运行时装入内存，但是预先装入内存的窗口过多也会影响运行系统装载的速度。如图 3.2.5 所示，使用"增加"和"删除"按钮选择装入内存中的用户窗口。

图 3.2.5　系统内存属性设置

5）系统参数设置

该项属性主要包括与动画显示有关的时间参数，如动画画面刷周期，图形闪烁、动作的周期时间等，如图 3.2.6 所示。系统最小时间片，指运行系统最小的调度时间，其值为20～100 ms，一般设置为 50 ms。当设置的某个周期小于 50 ms 时，该功能启动，默认该值单位为"时间片"，如动画刷新周期为 1，则系统认为其是指 1 个时间片，即 50 ms。此功能是为了防止用户的误操作。MCGS 中由系统定义的默认值能满足大多数应用工程的需要，除非特殊需要，建议一般不修改这些默认值。

6）存盘参数设置

运行时，应用工程的数据（包括数据对象的值和报警信息）都存入一个数据库文件中，数据库文件的名称和数据保留的时间要求也作为主控窗口的一种属性预先设置，如图 3.2.7 所示。

主控窗口属性设置

基本属性 | 启动属性 | 内存属性 | 系统参数 | 存盘参数

控制参数

快速闪烁周 600 动画刷新周 333
中速闪烁周 888 系统最小时间 50
慢速闪烁周 1000

注意：以上时间的单位为ms

检查(K) | 确认(Y) | 取消(C) | 帮助(H)

图 3.2.6 系统参数属性设置

主控窗口属性设置

基本属性 | 启动属性 | 内存属性 | 系统参数 | 存盘参数

工程文件配置

数据块大小 4096
数据块个数 1024
扩充信息大小 65536

过程数据路径 \HardDisk\mcgsbin\Data

特大数据存储设置

刷新时间(秒) 5
预留空间(KB) 1024
文件大小(KB) 32

检查(K) | 确认(Y) | 取消(C) | 帮助(H)

图 3.2.7 存盘参数属性设置

2. 菜单组态

新建一个工程后，会出现主控窗口的组态环境，如图3.2.1所示，从中可以进行主控窗口的"菜单组态""新建窗口"和"系统属性"的设定。双击"主控窗口"图标或者单击"菜单组态"按钮，可以进行相应的菜单组态。菜单组态的目的是为实际运行的应用系统编制一套功能齐全的菜单系统，这是主控窗口组态配置的一项重要工作。

在创建工程时，MCGS在主控窗口中自动建立默认菜单系统，如图3.2.8所示，但它只提供了最基本的菜单命令，以使生成的应用系统能在默认的状态下正常运行。此菜单只包括一个下拉菜单"系统管理"，下设"用户窗口管理"和"退出系统"两个子菜单，中间用"分隔线"分隔。

图3.2.8　运行环境菜单

用户可以在此窗口下输入各级菜单命令，可以利用窗口上端工具条的有关按钮，进行菜单项的插入、删除、位置调整、设置分隔线、制作下拉式菜单等操作。MCGS工具条上的菜单项图标如图3.2.9所示。

图3.2.9　菜单项图标

MCGS菜单组态允许用户自由设置所需的每个菜单命令，设置的内容包括菜单命令的名称、菜单命令对应的快捷键、菜单注释、菜单命令所执行的功能等。例如双击"用户窗口管理"菜单项，显示"菜单属性设置"窗口，如图3.2.10所示。按所列项设定该菜单项的属性，包括三个属性设置页：菜单属性、菜单操作、脚本程序。

（1）菜单属性的设置。

菜单名：为菜单项命名。编制菜单时，系统为菜单命令定义的默认名称为"操作X"。X为数字代码。

快捷键：为该菜单命令设置快捷键。例如：欲给"用户窗口管理"设置快捷键"Ctrl + M"，首先将光标移到快捷键设置框内，然后按住Ctrl键，再单击M键即可。

菜单类型：设置该菜单的类型，包括：设置为普通菜单、下拉菜单、菜单分隔线。

内容注释：为该菜单添加注释。

（2）菜单操作设置。

选择"菜单操作"选项卡，如图3.2.11所示。

图 3.2.10 "菜单属性设置"窗口

图 3.2.11 菜单操作设置窗口

执行运行策略块：在弹出的下拉菜单中选择要执行的策略。

打开用户窗口：设置菜单命令为打开某一窗口。

关闭用户窗口：设置菜单命令为关闭某一窗口。

隐藏用户窗口：设置菜单命令为隐藏某一窗口。

打印用户窗口：设置菜单命令为打印某一窗口。

退出运行系统：包括退出运行环境、退出操作系统、重新启动操作系统。

数据对象值操作：包括置1、清0、取反。单击"?"，即可选择相应的数据对象。

（3）脚本程序设置。

在脚本程序设置页中，如图3.2.12所示，单击"打开脚本程序编辑器"按钮，直接进入脚本程序编辑环境。

图3.2.12　脚本程序设置窗口

2. 工程安全

在工业过程控制中，应该尽量避免由现场人为的误操作所引发的故障或事故，而某些误操作所带来的后果有可能是致命性的。为了防止这类事故的发生，MCGS提供了一套完善的安全机制，严格限制各类操作的权限，使不具备操作资格的人员无法进行操作，从而避免了现场操作的任意性和无序状态，防止因误操作干扰系统的正常运行，甚至导致系统瘫痪，造成不必要的损失。

MCGS的安全管理机制和Windows NT类似，其引入用户组和用户的概念来进行权限的控制。在MCGS中可以定义无限多个用户组，每个用户组可以包含无限多个用户，同一个用户可以隶属于多个用户组。操作权限的分配是以用户组为单位来进行的，即对于某种功能的操作哪些用户组有权限，而某个用户能否对这个功能进行操作取决于该用户所在的用户组是否具备对应的操作权限。

1）工程密码的设定

给正在组态或已完成的工程设置密码，可以保护该工程不被别人打开使用或修改。设置密码后使用 MCGS 打开这些工程组态环境时，首先弹出输入框，要求输入工程的密码，如密码不正确则不能打开该工程的组态环境，从而防止无关人员进入组态环境修改应用工程。设置密码的方法是：在组态工程环境下，选择"工具"菜单的"工程安全管理"→"工程密码设置"命令。具体实现登录系统时会要求输入密码，如图 3.2.13 所示。

图 3.2.13　输入密码提示

2）工程权限的设定

对于大型系统，各类操作人员较多，从工程运行的安全角度来说，有必要对各类操作人员进行权限设定，让每个操作人员仅能完成自己所负担的操作，从而使责任明确，防止误操作的情况发生。

3.2.3　项目分析

工程的最终效果如图 3.2.14、图 3.2.15 所示。

图 3.2.14　四层升降电梯监控系统登录界面

图 3.2.15 四层升降电梯监控系统主界面图

在开始组态工程之前，先对该项目进行剖析，以便从整体上把握工程的结构、流程，需实现的功能及实现这些功能的方法。

1. 系统的硬件组成

（1）系统的硬件设备：三相交流异步电动机，内、外呼按钮及指示灯，开、关门按钮及指示灯，平层限位开关，楼层显示指示灯，电机状态指示灯，数码管。

（2）控制单元：三菱 FX3U－64MR 系列。

（3）监控单元：计算机及 TPC7062K 触摸屏。

2. 工程框架分析

（1）需要两个用户窗口、一个设备窗口及实时数据库。

（2）需要窗口的循环脚本及按钮的抬起脚本。

3. 图形制作分析

用户窗口中图形元件的实现方法见表 3.2.1。

表 3.2.1 用户窗口中图形元件的实现方法

用户窗口	图形中的元件	实现方法
登录界面	1. 图片	位图加载实现
	2. 文字	标签构件
	3. 标准按钮	由工具箱添加

续表

用户窗口	图形中的元件	实现方法
四层升降电梯监控系统界面	1. 文字	标签构件
	2. 按钮	由对象元件库引入
	3. 指示灯	由对象元件库引入
	4. 开关	由对象元件库引入
	5. 矩形	由工具箱添加
	6. 电机	由对象元件库引入
	7. 凹槽平面	由常用图符添加

4. 数据对象分析

通过分析四层升降电梯监控系统的控制要求，初步确定系统所需数据对象，见表3.2.2。

表 3. 2. 2　四层升降电梯监控系统的数据变量表

序号	数据对象	类型	初值	注释
1	电梯门	数值型	100	电梯层门门值（10～100）：10 为开，100 为关
2	电梯上行	开关型	0	电梯轿厢上升标志
3	电梯下行	开关型	0	电梯轿厢下降标志
4	电梯显示	数值型	1	当前电梯楼层显示，初值为1，范围为 1～4
5	1 层指示灯	开关型	0	电梯到达 1 层时，楼层指示灯
6	2 层指示灯	开关型	0	电梯到达 2 层时，楼层指示灯
7	3 层指示灯	开关型	0	电梯到达 3 层时，楼层指示灯
8	4 层指示灯	开关型	0	电梯到达 4 层时，楼层指示灯
9	1 层内选灯	开关型	0	轿厢内部 1 层呼叫指示灯，1 有效
10	2 层内选灯	开关型	0	轿厢内部 2 层呼叫指示灯，1 有效
11	3 层内选灯	开关型	0	轿厢内部 3 层呼叫指示灯，1 有效
12	4 层内选灯	开关型	0	轿厢内部 4 层呼叫指示灯，1 有效

序号	数据对象	类型	初值	注释
13	1 层限位	开关型	0	1 层平层标志，1 有效
14	2 层限位	开关型	0	2 层平层标志，1 有效
15	3 层限位	开关型	0	3 层平层标志，1 有效
16	4 层限位	开关型	0	4 层平层标志，1 有效
17	外 1 上灯	开关型	0	按下外呼 1 层上对应的指示灯
18	外 2 上灯	开关型	0	按下外呼 2 层上对应的指示灯
19	外 3 上灯	开关型	0	按下外呼 3 层上对应的指示灯
20	外 4 下灯	开关型	0	按下外呼 4 层下对应的指示灯
21	外 3 下灯	开关型	0	按下外呼 3 层下对应的指示灯
22	外 2 下灯	开关型	0	按下外呼 2 层下对应的指示灯
23	启动开门	开关型	0	按下开门按钮标志，1 有效
24	启动关门	开关型	0	按下关门按钮标志，1 有效
25	开门指示灯	开关型	0	内选开门指示灯，1 有效
26	关门指示灯	开关型	0	内选关门指示灯，1 有效
27	门开检测	开关型	0	门关到位检测，1 有效
28	门关检测	开关型	0	门开到位检测，1 有效
29	轿厢坐标	数值型	0	模拟电梯轿厢上升的变量，最小值为 0，最大值为 450

3.2.4 项目实施

1. 新建工程

在已安装有"MCGS 嵌入版组态软件"的计算机桌面上，双击"MCGS 组态环境"快捷图标，进入 MCGS 嵌入版的组态环境界面。

选择"文件"→"新建工程"菜单命令，在弹出的"新建工程设置"对话框中，选择"TPC 类型"为"TPC7062K"，如图 3.2.16 所示，单击"确定"按钮，系统自动创建一个新工程。再单击"文件"→"工程另存为"菜单命令，对工程进行保存，更改工程文件名为"四层升降电梯"，保存路径为"D:\MCGS\WORK\四层升降电梯"，如图 3.2.17 所示。

图 3.2.16　新建工程

图 3.2.17　"另存为"窗口

2. 定义数据对象

打开"工作台"的"实时数据库"选项卡，单击"新增对象"按钮，在数据对象列表中，增加新的数据变量，选中实时数据库中的新增数据对象"Data1"，如图 3.2.18 所示。单击"对象属性"按钮，或直接双击"Data1"，打开"数据对象属性设置"对话框。将"对象名称"更改为"开门指示灯"，将"对象初值"设为 0，将"对象类型"选为"开关"型，在"对象内容注释"文本框内输入"开门指示灯状态，1 有效"，单击"确认"按钮，如图 3.2.19 所示。

图 3.2.18　新增数据对象

图 3.2.19　"数据对象属性设置"对话框

　　同理，按照上述方法，将四层升降电梯监控系统数据对象添加到实时数据库中，并按照表3.2.2中所给的对象名称、数据对象类型、对象初值等对每个数据对象进行属性设置。定义好的实时数据库如图3.2.20所示。

图3.2.20　实时数据库的数据变量

3. 监控画面设计及组态

1）监控画面制作

（1）在MCGS嵌入版组态软件的工作台上，单击"用户窗口"标签，打开"用户窗口"选项卡，再单击"新建窗口"按钮，生成"窗口0"，如图3.2.21所示。选中"窗口0"图标，单击"窗口属性"按钮，打开"用户窗口属性设置"对话框，将"窗口名称"更改为"登录界面"，将"窗口标题"改为"启动窗口"，如图3.2.22所示，单击"确认"按钮退出。

图 3.2.21　新建窗口

图 3.2.22　登录界面窗口属性设置

（2）选中"登录界面"窗口图标，单击"动画组态"，进入动画组态窗口，开始编辑画面。在登录界面窗口的动画组态窗口中，单击工具条中的"工具箱"按钮 ，打开绘图工具箱。选择工具箱内的"标签"按钮 **A**，制作文字标签，制作一个内容为"四层升降电梯监控系统"的文字标签，然后在其"动画组态属性设置"对话框中设置字体为宋体，字号为二号，字符颜色为红色，无边线，无填充。

（3）使用工具箱中的"位图"按钮 ，在画面中绘制一定大小的图符，选中图符并用鼠标右键单击，在弹出的快捷菜单中选择"装载位图"，从计算机中选择相应的位图插入，并调整其大小及位置。

（4）使用工具箱中的"标准按钮"工具 ，制作"进入系统"按钮，并调整其到合适的位置。双击按钮或用鼠标右键选择属性，进入"标准按钮构件属性设置"窗口，"状态"选择抬起，在"文本"中输入"进入系统"，其他设置为默认，如图3.2.23所示。

（5）单击封面窗口，用鼠标右键选择"设置为启动窗口"。登录界面效果如图3.2.24所示。

图3.2.23 "标准按钮构件属性设置"窗口

图3.2.24 登录界面效果

2）主画面制作

（1）新建用户窗口。在"用户窗口"中单击"新建窗口"按钮，建立"窗口 0"，双击"窗口 0"，进入"用户窗口属性设置"界面，将"窗口名称"命名为"四层升降电梯"，将"窗口标题"改为"四层升降电梯监控系统"，如图 3.2.25 所示。工作台的"用户窗口"中此时出现两个窗口，如图 3.2.26 所示。

图 3.2.25　主画面窗口属性设置

图 3.2.26　工作台的"用户窗口"

（2）窗口标题的绘制。

选中"四层升降电梯"窗口图标，单击"动画组态"，进入动画组态窗口，开始编辑画面。在四层升降电梯窗口的动画组态窗口中，单击工具条中的"工具箱"按钮　，打开绘图工具箱。选择工具箱内的"标签"按钮　，制作文字标签，制作一个内容为"四层升降电梯监控系统"的文字标签，然后在其"动画组态属性设置"对话框中设置字体为宋体，字号为一号，字符颜色为红色，无边线，无填充。

（3）电梯框架、轿厢及层门的绘制。

①单击工具条中的"工具箱"按钮 🔧 ，打开绘图工具箱。选择工具箱内的"矩形"按钮 ▢ ，绘制电梯正面框架，"填充颜色"为"灰色"。使用工具箱内的"直线"工具 ╲ ，绘制电梯每层分界线，并选择合适的线型，按住 Ctrl 键，选择所画矩形及三条直线，用鼠标右键选择"排列"→"合成单元"，组合成一个图形。

②选择工具箱内的"矩形"按钮 ▢ ，在电梯一层内绘制一定大小的矩形，作为电梯的轿厢。再绘制两个同样大小的矩形，作为电梯的层门，填充颜色为绿色。绘制好的图形如图 3.2.27 所示。

（4）内选信号的绘制。

①绘制内选图框。选择工具箱内的"常用图符"按钮 🐷 中的"凹平面"按钮 ▢ ，绘制内选图框。

②绘制内选按钮。选择工具箱内的"标准"按钮 ⌐ ，绘制内选按钮。双击按钮进入"标准按钮属性设置"对话框，基本属性中状态为"抬起"，文本为"开门"。用同样的方法，绘制其他 5 个按钮：关门、1、2、3、4。

③添加指示灯构件。选择工具箱内的"插入元件"按钮 📇 ，打开"对象元件列表"，在"指示灯"中选择"指示灯 16"，如图 3.2.28 所示，作为各个按钮对应的指示灯。

图 3.2.27　电梯框架、轿厢及层门图形　　　　图 3.2.28　添加指示灯构件

④选择工具箱内的"标签"按钮 Ａ ，绘制楼层指示标签，双击该标签，弹出"标签动画组态属性设置"对话框，在"属性设置"选项卡中设置"填充颜色"为黑色，"字符颜色"为红色，"字体""字形""大小"分别设为"宋体""加粗""小二"。在"扩展属性"选项卡中的"文本内容"中输入"00"，如图 3.2.29 所示。再使用"标签"按钮，添加标签，在"扩展属性"选项卡中的"文本内容"中输入"电梯内选信号"。

内选信号的绘制结果如图 3.2.30 所示。

图 3.2.29 标签文本内容输入对话框

图 3.2.30 电梯内选信号的绘制结果

（5）平层开关的绘制。

选择工具箱内的"插入元件"按钮 ，打开"对象元件列表"，在"开关"中选择"开关 17"，并调整其位置，作为一层平层开关，并使用工具箱内的"标签"按钮 **A**，制作一个内容为"一层限位"的文字标签，并在其"动画组态属性设置"对话框中，设置静态属性中的"填充颜色"为"没有填充"，"边线颜色"为"没有边线"，"字符颜色"为"蓝色"。同理，制作其他楼层的平层开关，并将之放于适合的位置。

（6）楼层指示灯的绘制。

①选择工具箱内的"常用图符"按钮 中的"凹平面"按钮 ，绘制图框。

②选择工具箱内的"插入元件"按钮 ，打开"对象元件列表"，在"指示灯"中选择"指示灯16"，并调整其位置，作为一层楼层指示灯。

③使用工具箱内的"标签"按钮 **A**，制作一个内容为"一层指示灯"的文字标签，并在其"动画组态属性设置"对话框中，设置静态属性中的"填充颜色"为"没有填充"，"边线颜色"为"没有边线"，"字符颜色"为"黑色"。同理，制作其他楼层的指示灯，并将放于适合的位置。

绘制完成的楼层指示灯如图3.2.31所示。

（7）电梯运行状态的绘制。

①选择工具箱内的"插入元件"按钮 ，打开"对象元件列表"，在"马达"中选择"马达10"到窗口，并调整大小及位置。

②打开"对象元件列表"，在按钮中选择"按钮5"，然后用鼠标右键选择"排列"子菜单中的"分解单元"命令，分解图符，保留分解后的 ▲ 图符，作为电梯上行的运行状态指示。

图3.2.31　楼层指示灯

③复制新绘制的图符，用鼠标右键选择"排列"子菜单中的"旋转→上下镜像"命令，作为电梯下行的运行状态指示。

绘制完成的电梯运行状态如图3.2.32所示。

（8）电梯外呼信号的绘制。

①选择工具箱内的"插入元件"按钮 ，打开"对象元件列表"，在"按钮"中选择"按钮6"到窗口，并调整大小及位置，作为电梯一层上呼按钮。

图3.2.32　电梯运行状态

②选择工具箱内的"插入元件"按钮 ，打开"对象元件列表"，在"指示灯"中选择"指示灯16"，并调整其位置，作为一层上呼指示灯。

③用同样的方法，绘制其他楼层的外呼按钮及指示灯。注意，对于下呼按钮，可选择"对象元件列表"中的"按钮8"，也可使用"排列"子菜单中的"旋转→上下镜像"命令旋转"按钮6"得到。

绘制完成的电梯外呼信号如图3.2.33所示。

（9）复位及退出按钮的绘制。

选择工具箱内的"标准按钮" ，绘制复位按钮。双击按钮进入"标准按钮属性设置"对话框，"基本属性"中"状态"为"抬起"，"文本"为"复位"。用同样的方法，绘制"退出"按钮。完整的四层电梯升降系统主界面如图3.2.15所示。

4. 动画连接

1）电梯轿厢及层门的动画连接

（1）电梯轿厢的动画连接。打开"四层升降电梯监控系统"窗口，双击"轿厢"图符，打开"动画组态属性设置"选项卡，在"位置动画连接"中勾选"垂直移动"，上方出现"垂直移动"选项卡，如图3.2.34所示。

图3.2.33　电梯外呼信号　　　　　　　　　图3.2.34　"垂直移动"选项卡

单击此选项卡，在"表达式"栏中单击"?"按钮，弹出当前用户定义的所有数据对象列表，如图3.2.35所示。

图3.2.35　数据对象列表

双击"轿厢坐标"，并在"垂直移动连接"栏填入各项参数，如图3.2.36所示。

图3.2.36　电梯轿厢的动画连接

（2）电梯层门的动画连接。双击"右层门"图符，打开"动画组态属性设置"选项卡，在"位置动画连接"中勾选"垂直移动"与"大小变化"，"垂直移动"参数的设置方法参照图3.2.37。单击"大小变化"选项卡，在"表达式"栏中单击"?"按钮，弹出当前用户定义的所有数据对象列表，双击"电梯门"，在"大小变化连接"栏填入各项参数，"变化方式"为"缩放"，"变化方向"为"向右"，如图3.2.37所示，单击"确认"按钮存盘。同理，设置左层门的动画连接，变化方向为"向左"。

图3.2.37　电梯层门大小变化动画连接

2）指示灯的动画连接

双击四层内选指示灯，打开"单元属性设置"对话框，单击"数据对象"选项卡，"可见度"数据连接如图 3.2.38 所示。同理，设置其他指示灯的"可见度"数据连接。

图 3.2.38　指示灯可见度的动画连接

3）楼层显示标签的动画连接

双击楼层显示文本框，打开"标签动画属性组态设置"选项卡，在"输入输出连接"中勾选上"显示输出"，如图 3.2.39 所示，单击"显示输出"选项卡，参数设置如图 3.2.40 所示。

图 3.2.39　标签动画组态属性设置

图 3.2.40　标签显示输出属性设置

4）楼层限位开关的动画连接

双击"一层限位开关"图符，打开"单元属性设置"选项卡，"数据对象"连接如图 3.2.41 所示。用同样的方法，设置其他楼层限位开关的单元属性。

图 3.2.41　楼层限位开关数据对象连接

5）电梯上、下行状态的动画连接

双击"电梯上行"图符，打开"动画组态属性设置"选项卡，在"颜色动画连接"中勾选"填充颜色"，在"特殊动画连接"中勾选"可见度"，如图 3.2.42 所示。单击"填充颜色"选项卡，在"表达式"栏输入"电梯上行"，对于"填充颜色连接"，分段点 0 选择红色，分段点 1 选择绿色，如图 3.2.43 所示，"可见度"参数设置如图 3.2.44 所示。用同样的方法，设置"电梯下行"图符的"填充颜色"及"可见度"的动画连接。

图 3.2.42   "电梯上行"图符动画组态属性设置

图 3.2.43   "电梯上行"图符的"填充颜色"的动画连接

图 3.2.44   "电梯上行"图符的"可见度"的动画连接

6）"退出"按钮的动画连接

双击"退出"按钮，打开"标准按钮构件属性设置"，单击"操作属性"选项卡，勾选"打开用户窗口"，选择"登录界面"窗口，如图 3.2.45 所示。

7）登录界面窗口"进入系统"按钮的动画连接

在工作台中选择"登录界面"窗口，点击"动画组态"，进入"封面"窗口，双击"退出"按钮，打开"标准按钮构件属性设置"对话框，单击"操作属性"选项卡，勾选"打开用户窗口"，选择"四层升降电梯"窗口，如图 3.2.46 所示。

图 3.2.45 "退出"按钮操作属性设置　　　　图 3.2.46 "进入系统"按钮操作属性设置

3）编写控制流程程序

（1）循环脚本程序。

双击主界面窗口，打开"用户窗口属性设置"对话框，选择"循环脚本"选项卡，将"循环时间"设置为 200 ms，在窗口空白处输入脚本程序，如图 3.2.47 所示。也可单击"打开脚本程序编辑器"，编写循环脚本程序，如图 3.2.48 所示。

图 3.2.47 用户窗口循环脚本

图 3.2.48　脚本程序编辑器

循环脚本程序如下：

```
IF 启动开门 = 1 THEN 电梯门 = 电梯门 - 10

IF 启动关门 = 1 THEN 电梯门 = 电梯门 + 10

IF 电梯上行 = 1 AND 电梯门 = 100 THEN 轿厢坐标 = 轿厢坐标 +10

IF 电梯下行 = 1 AND 电梯门 = 100 THEN 轿厢坐标 = 轿厢坐标 - 10

IF 轿厢坐标 = 0 THEN

  电梯显示 = 1

  一层指示灯 = 1

  一层限位 =1

  二层限位 =0

  三层限位 =0

  四层限位 =0

  二层指示灯 = 0

  三层指示灯 = 0

  四层指示灯 = 0

ENDIF

IF 轿厢坐标 > = 0 AND 轿厢坐标 < = 10 THEN

  一层指示灯 =1

  一层限位 =1

  电梯显示 =1
```

```
   ELSE
     一层指示灯 = 0
     一层限位 = 0
   ENDIF
   IF 轿厢坐标 = 150 THEN
     电梯显示 = 2
     一层限位 = 0
     二层限位 = 1
     三层限位 = 0
     四层限位 = 0
     一层指示灯 = 0
     二层指示灯 = 1
     三层指示灯 = 0
     四层指示灯 = 0
   ENDIF
   IF 轿厢坐标 > = 140 AND 轿厢坐标 < = 160 THEN
     二层指示灯 = 1
     二层限位 = 1
     电梯显示 = 2
   ELSE
     二层指示灯 = 0
     二层限位 = 0
   ENDIF
   IF 轿厢坐标 = 300 THEN
     电梯显示 = 3
     一层指示灯 = 0
     二层指示灯 = 0
     三层指示灯 = 1
     四层指示灯 = 0
     一层限位 = 0
     二层限位 = 0
     三层限位 = 1
     四层限位 = 0
   ENDIF
   IF 轿厢坐标 > = 290 AND 轿厢坐标 < = 310 THEN
     三层指示灯 = 1
     三层限位 = 1
     电梯显示 = 3
```

```
ELSE
    三层指示灯 = 0
    三层限位 = 0
ENDIF
IF 轿厢坐标 = 450 THEN
    电梯显示 = 4
    一层指示灯 = 0
    二层指示灯 = 0
    三层指示灯 = 0
    四层指示灯 = 1
    一层限位 = 0
    二层限位 = 0
    三层限位 = 0
    四层限位 = 1
ENDIF
IF 轿厢坐标 >= 440 AND 轿厢坐标 <= 460 THEN
    四层指示灯 = 1
    四层限位 = 1
    电梯显示 = 4
ELSE
    四层指示灯 = 0
    四层限位 = 0
ENDIF
IF 电梯门 = 100 THEN
    门关检测 = 1
ELSE
    门关检测 = 0
ENDIF
IF 电梯门 = 20 THEN
    门开检测 = 1
ELSE
    门开检测 = 0
ENDIF
```

（2）"内选"按钮程序。

①"开门"按钮抬起脚本程序。

双击"开门"按钮，弹出"标准按钮构件属性设置"对话框，单击"脚本程序"选项卡，选择"抬起脚本"，输入下面的脚本程序，如图 3.2.49 所示。用同样的方法，输入其他按钮的脚本程序。

```
IF 电梯上行 = 0 AND 电梯下行 = 0 THEN
    启动开门 = 1
    启动关门 = 0
ENDIF
```

图 3.2.49   "开门"按钮抬起脚本程序

②"关门"按钮抬起脚本程序。

```
IF 电梯门 < > 100 THEN
    启动开门 = 0
    启动关门 = 1
ENDIF
```

③"一层"按钮抬起脚本程序。

```
IF 轿厢坐标 < > 0 THEN 一层内选灯 = 1
```

④"二层"按钮抬起脚本程序。

```
IF 轿厢坐标 < > 150 THEN 二层内选灯 = 1
```

⑤"三层"按钮抬起脚本程序。

```
IF 轿厢坐标 < > 300 THEN 三层内选灯 = 1
```

⑥"四层"按钮抬起脚本程序。

```
IF 轿厢坐标 < > 450 THEN 四层内选灯 = 1
```

（3）"外选"按钮程序。

① "外4下"按钮抬起脚本程序。

```
IF 轿厢坐标 < > 450 THEN 外 4 下灯 =1
IF 四层指示灯 =1 THEN 启动开门 =1
```

② "外3上"按钮抬起脚本程序。

```
IF 轿厢坐标 < > 300 THEN 外 3 上灯 =1
IF 三层指示灯 =1 THEN 启动开门 =1
```

③ "外3下"按钮抬起脚本程序。

```
IF 轿厢坐标 < > 300 THEN 外 3 下灯 =1
IF 三层指示灯 =1 THEN 启动开门 =1
```

④ "外2上"按钮抬起脚本程序。

```
IF 轿厢坐标 < > 150 THEN 外 2 上灯 =1
IF 二层指示灯 =1 THEN 启动开门 =1
```

⑤ "外2下"按钮抬起脚本程序。

```
IF 轿厢坐标 < > 150 THEN 外 2 下灯 =1
IF 二层指示灯 =1 THEN 启动开门 =1
```

⑥ "外1上"按钮抬起脚本程序。

```
IF 轿厢坐标 < > 0 THEN 外 1 上灯 =1
IF 一层指示灯 =1 THEN 启动开门 =1
```

（4）"复位"按钮抬起脚本程序。

```
轿厢坐标 =0
电梯上行 =0
电梯下行 =0
电梯门 =100
启动开门 =0
启动关门 =0
一层内选灯 =0
二层内选灯 =0
三层内选灯 =0
四层内选灯 =0
外 1 上灯 =0
外 2 上灯 =0
外 3 上灯 =0
外 4 下灯 =0
外 3 下灯 =0
外 2 下灯 =0
```

3. 安全机制设置

本项目的安全机制要求如下：

（1）设置用户组：管理员组、操作员组；用户：负责人、张三。

（2）负责人属于管理员组；张三属于操作员组。

（3）负责人才能进行用户和用户组管理。

（4）只有负责人才能进行"复位"和"退出"操作。

（5）对工程文件进行加密。

1. 定义用户及用户组

在菜单"工具"中单击"用户权限管理"，弹出"用户管理器"窗口，如图3.2.50所示。点击"用户组名"下面的空白处，再单击"新增用户组"会弹出"用户组属性设置"对话框，设置"用户组名称"为"操作员组"，"用户组描述"为

图 3.2.50　"用户管理器"窗口

"成员仅能进行操作"。如图3.2.51所示，点击右下方的"登录时间"，弹出"登录时间设置"对话框。设置操作员的登录时间为每周周日不允许登录，如图3.2.52所示，按"确定"按钮，退出。返回到"用户管理器"窗口，此时"操作员组"已经加入到用户组名中，如图3.2.53所示。

图 3.2.51　"用户组属性设置"对话框

图 3.2.52 "登录时间设置"对话框

图 3.2.53 新增操作员组

点击"用户名"下面的空白处,"用户管理器"下方出现"新增用户"按钮,单击此按钮,进入"用户属性设置"对话框,设置"用户名称"为"张三","用户描述"为"操作员","用户密码"为"456","确认密码"为"456",在"隶属用户组"中选择"操作员组",如图 3.2.54 所示,按"确认"按钮退出。此时返回到"用户管理器"窗口,"张三"已加入到用户名中，如图3.2.55所示。

图3.2.54　"用户属性设置"　　　　图3.2.55　新增"张三"用户

双击"负责人"，弹出"用户属性设置"对话框，设置负责人密码为"123"，如图3.2.56所示。

图3.2.56　负责人用户属性设置

2. 系统权限设置

在MCGS组态平台上单击"主控窗口"，选中"主控窗口"，单击"系统属性"，弹出"主控窗口属性设置"对话框。在"基本属性"中单击"权限设置"按钮，弹出"用户权限设置"窗口。在"权限设置"按钮下面选择"进入登录，退出登录"，如图3.2.57所示。

图 3.2.57　系统权限设置

3. 操作权限设置

进入"四层升降电梯"窗口，双击"复位"按钮，弹出"标准按钮属性设置"对话框，如图 3.2.58 所示，单击"权限"按钮，弹出"用户权限设置"对话框，勾选"管理员组"，如图 3.2.59 所示。用同样的方法，设置"退出"按钮的操作权限。

图 3.2.58　"复位"按钮属性设置

图 3.2.59　"用户权限设置"对话框

4. 运行时改变操作权限设置

在 MCGS 组态平台上的"主控窗口"中，按"菜单组态"按钮，打开"菜单组态"窗口。在"系统管理"下拉菜单下，单击工具条中的"新增菜单项"图标 ![图标]，产生"操作0"菜单，连续单击"新增菜单项"图标，增加三个菜单，分别为"操作1""操作2""操作3"，如图 3.2.60 所示。

图 3.2.60　新增菜单

1）登录用户菜单设置

登录用户菜单项是新用户为获得操作权，向系统进行登录用的。双击"操作 0"菜单，弹出"菜单属性设置"窗口。在"菜单属性"中把"菜单名"改为"登录用户"，如图 3.2.61 所示。进入"脚本程序"属性页，在程序框内输入代码"！LogOn（）"，如图 3.2.62 所示。也可以利用 MCGS 提供的内部函数，在"脚本程序"中单击"打开脚本程序编辑器"，进入脚本程序编辑环境，在右侧单击"系统函数"，再单击"用户登录操作"，双击"！LogOn（）"，如图 3.2.63 所示。执行此项菜单命令时，调用该函数，弹出 MCGS 登录窗口，输入用户名称和密码。

图 3.2.61　修改菜单名

图 3.2.62　输入脚本程序

图 3.2.63　在系统函数中查找函数

2）退出登录菜单设置

用户完成操作后，如想交出操作权，可执行此项菜单命令。双击"操作1"菜单，弹出"菜单属性设置"窗口，在"基本属性"中修改菜单名为"退出登录"，进入"属性设置"窗口的"脚本程序"页，输入代码"！LogOff（）"。在运行环境中执行该函数，弹出提示框，确定是否退出登录，如图3.2.64 所示。

图 3.2.64　退出登录对话框

3）用户管理菜单设置

双击"操作2"菜单，弹出"菜单属性设置"窗口，在"基本属性"中修改"菜单名"为"用户管理"，在"属性设置"窗口的"脚本程序"页，输入代码"！Editusers（）"。在运行环境中执行该函数，弹出提示框，如图3.2.65 所示，允许用户在运行时增加、删除用户、修改密码。如果不是以管理员身份登录的用户，单击"用户管理"，会弹出"权限不足，不能修改用户权限"窗口，如图3.2.66 所示。

图 3. 2. 65　用户管理窗口

图 3. 2. 66　提示用户权限不足的对话框

4）修改密码菜单设置

双击"操作 3"菜单，弹出"菜单属性设置"窗口，在"基本属性"中修改"菜单名"为"修改密码"，在"属性设置"窗口的"脚本程序"页，输入代码"！ChangePassword（）"。在运行环境中执行该函数，弹出提示框，如图 3. 2. 67 所示，可以修改用户原来设定的密码。

图 3. 2. 67　改变用户密码

5. 工程加密

在 MCGS 组态环境下，如果不想其他人随便看到所组态的工程或防止竞争对手了解工程组态细节，可以为工程加密。在"工具"下拉菜单中单击"工程管理安全"，再单击"工程密码设置"，如图 3.2.68 所示，弹出"修改工程密码"窗口，如图 3.2.69 所示，修改密码为"789"，完成后按"确认"按钮工程加密即可生效，下次打开监控系统时就需要输入密码。

图 3.2.68　工程密码设置菜单

图 3.2.69　修改工程密码

4. 组态设备连接

1）在设备窗口中添加硬件设备

（1）打开工作台的"设备窗口"选项卡，如图 3.2.70 所示，双击"设备窗口"图标，进入"设备组态"窗口。

（2）打开"设备工具箱"对话框，单击"设备管理"按钮，弹出"设备管理"对话框。在"可选设备"列表框中双击"通用串口父设备"，添加到右侧选定设备列表框中，再找到"三菱 – FX 系列编程口"，添加到右侧选定设备列表框中，如图 3.2.71 所示。

图 3.2.70　设备窗口

图 3.2.71　设备管理

（3）单击"确认"按钮，回到"设备工具箱"。双击"设备工具箱"中的"通用串口父设备"，再双击"三菱－FX系列编程口"，添加通用串口父设备及设备0到"设备组态"窗口中，如图3.2.72所示。

图3.2.72　添加设备

2）通用串口父设备的参数设置

双击"通用串口父设备0－［串口通信父设备］"，弹出"通用串口设备属性编辑"对话框，打开"基本属性"选项卡，按实际情况进行设置，如图3.2.73所示。

设备属性名	设备属性值
设备名称	通用串口父设备0
设备注释	通用串口父设备
初始工作状态	1 - 启动
最小采集周期(ms)	1000
串口端口号(1~255)	1 - COM2
通讯波特率	6 - 9600
数据位位数	0 - 7位
停止位位数	0 - 1位
数据校验方式	2 - 偶校验

检查(K)　确认(Y)　取消(C)　帮助(H)

图3.2.73　通用串口父设备的参数设置

3）增加系统通道

双击"三菱－FX系列编程口"，打开"设备编辑"对话框，选中"设备属性名"中的"内部属性"，出现 ⋯ 按钮，如图3.2.74所示，单击该按钮，弹出"三菱－FX系列编程口通道属性设置"对话框，如图3.2.75所示。

点击"全部删除"后，选择"增加通道"，寄存器类型为"M辅助寄存器"，寄存器地址为"0"，通道数量为"26"，操作方式为"读写"，如图3.2.76所示，按"确认"按钮返回到设备编辑窗口，如图3.2.77所示。

图 3.2.74 设备编辑窗口（一）

图 3.2.75 通道属性设置窗口

图 3.2.76 增加通道

图 3.2.77 设备编辑窗口（二）

4）通道建立连接。

双击 0001 连接变量空白处，弹出"变量选择"对话框，如图 3.2.78 所示，选择变量"一层指示灯"，便将 0001 通道与数据库中的"一层指示灯"数据对象建立连接关系。用同样的方法，将各通道与数据对象连接后的通道如图 3.2.79 所示。

图 3.2.78　变量选择

图 3.2.79　通道建立连接

5）设备在线调试

在图 3.2.79 中，单击右侧"启动设备调试"按钮，可以在线调试"三菱 – FX 系列编程口"。如果"通信状态"调试数据为 0，表示通信正常，否则 MCGS 组态软件与三菱 – FX 系列编程口设备通信失败。

5. PLC 控制程序设计及系统调试

（1）系统 I/O 分配。了解系统设计要求及工艺过程，进行需求分析，确定组态软件与 PLC 的输入输出点。本系统选用三菱 FX3U 系列 PLC，系统的 I/O 分配见表 3.2.3。

表 3.2.3　系统 I/O 分配表

输入			输出		
设备	地址	备注	设备	地址	备注
SB1	X0	外呼一楼上	HL1	Y0	一层指示灯
SB2	X1	外呼二楼下	HL2	Y1	二层指示灯
SB3	X2	外呼二楼上	HL3	Y2	三层指示灯
SB4	X3	外呼三楼下	HL4	Y3	四层指示灯
SB5	X4	外呼三楼上	HL5	Y6	外呼 1 上指示灯
SB6	X5	外呼四楼下	HL6	Y7	外呼 2 下指示灯
SB7	X10	开门	HL7	Y10	外呼 2 上指示灯
SB8	X11	关门	HL8	Y11	外呼 3 下指示灯
SB9	X12	一层内选	HL9	Y12	外呼 3 上指示灯
SB10	X13	二层内选	HL10	Y13	外呼 4 下指示灯
SB11	X14	三层内选	HL11	Y14	外呼 4 上指示灯
SB12	X15	四层内选	HL12	Y16	开门指示灯
SQ1	X6	开门检测	HL13	Y17	关门指示灯
SQ2	X7	关门检测	HL14	Y22	一层内选指示灯
SQ3	X16	一层平层	HL15	Y23	二层内选指示灯
SQ4	X17	二层平层	HL16	Y24	三层内选指示灯
SQ5	X20	三层平层	HL17	Y25	四层内选指示灯
SQ6	X21	四层平层	KM1	Y20	电梯上行
			KM2	Y21	电梯下行

（2）I/O 接线图的绘制，如图 3.2.80 所示。

图 3.2.80 系统 I/O 接线图

（3）PLC 参考程序，详见光盘中项目八——四层升降电梯 PLC 程序。

（4）系统调试。

①打开 GX Developer 软件，下载四层升降电梯监控系统 PLC 并运行，调试 PLC 程序并修改，直至结果正确。

②运行四层升降电梯监控系统 PLC 程序，关闭 GX Developer。

③打开 MCGS 嵌入版开发环境，运行组态程序，进行系统调试。

3.2.5 项目总结与评价

本项目以四层升降电梯监控系统为例，详细地介绍了使用嵌入版组态软件完成工程设计、制作与调试的整个过程，内容包括嵌入版工程的建立与保存，数据对象的定义，图符的属性设置与动画效果，循环脚本的使用，安全机制的设置，设备窗口组态（添加设备，属性设置，通道连接），组态工程的下载，PLC 硬件电路设计与 PLC 程序设计，系统软、硬件联机统调细节与注意事项等。读者通过学习和训练应能够熟悉嵌入版组态工程的创建方法，并体会嵌入版与通用版软件的异同。本项目的评价参考表 3.2.4。

表 3.2.4 四层升降电梯监控系统自我评价

评价内容	评价标准	分值	得分	有待提高部分
数据库变量的建立	变量的数据类型正确，不缺项	10 分		
组态界面的制作	画面美观，不缺项	10 分		
界面动画连接	动画效果正确显示	20 分		
控制程序设计	构件策略使用正确，运行动态效果正确	10 分		

评价内容	评价标准	分值	得分	有待提高部分
设备连接	TPC 与 PC 通信参数设置正确，通信正常	10 分		
数据变量连接	PLC 与组态软件数据变量连接正确	10 分		
下位机程序设计	PLC 程序设计及调试正确	10 分		
项目整体调试	整体运行效果符合要求	20 分		
项目收获				

3.2.6 问题与思考

（1）嵌入版组态工程如何下载？

（2）电梯组态工程中，轿厢运行的动画效果是如何实现的？电梯开关门的动画效果是如何实现的？

（3）如何设置不同的用户组？

（4）如何给工程文件加密？

（5）如何实现 TPC7062K 触摸屏与三菱 FX3U 系列 PLC 的通信？

实践项目3.2 立体仓库监控系统设计

1. 控制要求

（1）初始状态。系统上电后，即进入初始状态，操作面板上的复位指示灯闪烁指示。

（2）复位操作。按下复位按钮，复位指示灯亮，直线气缸的活塞杆复位，X 轴和 Y 轴滚珠丝杆滑动块回归原点位置。

（3）启动操作。按下启动按钮，启动指示灯亮，X 轴和 Y 轴的步进电动机共同驱动滚珠丝杠滑动块运行，使工作平台运动到等待工件的位置。

（4）根据工件的颜色及工件号自动存储仓位，延时 3 s 后，工作平台运送工件到达存储仓位。

（5）直线气缸活塞杆伸出，将工件推入仓库，当检测活塞杆伸出到位的磁性开关有输出信号时，直线气缸活塞杆缩回。

（6）可以通过上位机组态工程，实现自动生产线立体仓库单元控制系统运行的实时监控。

（7）可通过上位机的停止按钮暂停当前运输过程。

2. 参考界面

立体仓库监控系统参考用户窗口如图 3.2.81 所示。

图 3.2.81 立体仓库监控系统参考用户窗口

项目三 配方工程设计

3.3.1 项目导入

1. 学习目标

（1）建立配方工程存储于 PLC 中，了解 HMI 人机界面中的两种配方解决方案；

（2）熟悉配方工程的建立、组态、下载与运行过程；

（3）熟练使用嵌入组态版进行工程设计。

2. 项目描述

组态软件作为一款强大的现场控制平台软件，具有丰富的现场控制功能，灵活的配方处理方式就是其典型代表。

平常说的配方指的是几种原料间的配比关系，比如药方，营养配方等。组态软件中的配方不仅指原料间的配比关系，还包括温度压力等因素。从实质上来说，组态软件中的配方，就是把一组变量依照不同的配方名和一组组的数据对应起来，当在脚本中加载不同的配方时，利用对应的数值给变量赋值的过程。

本项目介绍两种配方处理方式，一种是利用组态软件中的配方组件完成配方，另一种是利用组态自由报表强大的与关系数据通信的能力实现配方。

对于控制要求，以一个面包加工的工艺为例，针对不同类型的面包，配置面粉、白糖、水的含量，要实现的配方功能如下：

（1）自由选择使用的配方；

（2）下置配方；

（3）修改配方；

（4）增加/删除配方。

3.3.2 项目资讯

1. 配方概述

在制造领域，配方用来描述生产一件产品所用的不同配料之间的比例关系，是生产过程中一些变量对应的参数设定值的集合。例如面包厂生产面包时有一个配料配方。此配方列出所有要用来生产面包的配料（如水、面粉、糖、鸡蛋、蜂蜜等），而不同口味的面包会有不同的配料用量。例如甜面包会使用较多的糖，而低糖面包则使用较少的糖。在 MCGS 嵌入版配方构件中，所有配料的列表就是一个配方组，而每一种口味的面包原料用量则是一个配方。可以把配方组想象成一张表格（表 3.3.1 所示），表格的每一列就是一种原料，而每一行就是一个配方，单元格的数据则是每种原料的具体用量。

表 3.3.1 某面包厂的几种配方

配料 种类	糖	盐	面粉	水	蜂蜜
甜面包	80	10	80	30	10
低糖面包	30	5	80	30	0
无糖面包	10	5	80	30	0

MCGS 嵌入版配方功能与表 3.3.1 的不同之处在于每种原料（也就是列）在复制到数据对象时有一个延时参数。例如在流水线上，原料的投放时间肯定是不同的，有一定的先后次序，这可以通过为每种原料设置不同的输出延时，从而实现对每种原料投放顺序的控制。不过使用延时参数也有很多限制，例如设置了输出延时以后，配方成员参数的值会在延时到达后才复制到对应的数据对象中去，这时如果切换组态工程画面，那么会造成输出中断。同时现在 MCGS 嵌入版还没有提供相应的脚本函数用来检查成员参数值复制操作是否已经完成。这些限制会为组态带来很多意想不到的问题，所以除非必要，否则尽量不要使用输出延时设置。

除了输出延时参数，MCGS 嵌入版配方功能还有一个输出系数参数，可以从整体上控制原料的用量。例如表 3.3.1 中是生产 100 个面包的原料用量，现在要一次性投放生产 1 000 个面包的原料，只要把输出系数设置为 10 即可。同理设置输出系数为 0.5，则可以投放生产 50 个面包的原料。

MCGS 嵌入版配方构件采用数据库处理方式：可以在一个用户工程中同时建立和保存多个配方组；每个配方组的配方成员变量和配方可以任意修改；各个配方成员变量的值可以在组态和运行环境中修改；可随时指定配方组中的某个配方为配方组的当前配方；可把指定配

方组的当前配方的参数值装载到实时数据库的对应变量中；可把实时数据库的变量值保存到指定配方组的当前配方中。此外 MCGS 嵌入版配方构件还提供了追加配方、插入配方、对当前配方改名等功能。

MCGS 嵌入版配方构件由三个部分组成：组态环境配方设计、运行环境配方设计和运行环境配方操作。

2. 配方功能的具体说明

1）配方组和配方

在 MCGS 嵌入版配方构件中，每个配方组就是一张表格，每个配方就是表格中的一行，而表格的每一列就是配方组的一个成员变量。

2）配方组名称

配方组的名称应能够清楚反映配方的实际用途，例如面包配方组就是各种面包的配方。

3）变量个数

这里的变量个数就是配方组成员变量的数量，也就是配方中的原料总数。例如表 3.2.1 中的配方就有 5 种原料，那么对应的配方组就应该有 5 个成员变量。

4）输出系数

输出系数会从整体上影响配方中所有变量的输出值。在输出变量值时，每个成员变量的值会乘以输出系数以后再输出。如果输入系数为空，那么就会跳过这个操作，其等效于将输出系数设置为 1。输出系数除了可以设置成固定常数外，也可以设置成数据对象。这样就可以通过改变输出系数对应的数据对象来控制配方组成员变量的最终输出值了。

5）变量名称

变量名称实际上是数据对象的名称。例如面包配方中"糖"这个原料对应的数据对象可能叫作"原料－糖"。

6）列标题

每一列的标题并不会对输出值造成任何影响，只是为了便于用户查看和编辑配方，因此设置成有意义的名字即可。

7）输出延时

输出延时参数会影响成员变量的值复制到数据对象时的等待时间，单位是"秒"。例如"糖"的输出延时是 100 s，那么在运行环境下装载配方时，"糖"的变量值会在 100 s 以后才复制到对应的数据对象中去。如果使用脚本函数装载配方，那么要注意有一个脚本函数在输出值时是不会受到输出延时参数影响的。详细情况请查阅脚本参考部分的内容。

3. 配方操作函数

详细的配方操作函数参见附表。

3.3.3　项目分析

使用 MCGS 嵌入版配方构件一般分为两步：

第一步是配方组态设计，即通过配方组态窗口输入配方所要求的成员变量及其参数值，例如一个面包房生产面包需要的各种原料及参数配置比例。

第二步是运行环境配方操作，即在运行环境中通过脚本函数打开对话框来装入配方、编辑配方，或者通过配方脚本函数直接操作配方。

3.3.4 项目实施

1. 新建工程

选择"文件"菜单中的"新建工程"命令，弹出"新建工程设置"对话框，选择"TPC7062K"后，在"文件"菜单中的"工程另存为"文件名栏内输入"TPC 配方工程"，单击"保存"按钮，如图 3.3.1 所示。

图 3.3.1 创建 TPC 配方工程

2. 配方存储于 PLC 中设备组态

1) 定义数据变量

（1）打开工作台的"实时数据库"，新建 3 个数值变量"面粉""白糖""水"，其他属性保持默认值。此类变量用于实现配方数据的显示和修改。

（2）新建一个字符型变量"设备字符串"，其他属性保持默认值。

（3）新建一个字符型变量"offset"，其他属性保持默认值。

（4）新建两个数值型变量"a""b"，其他属性保持默认值，如图 3.3.2 所示。

2) 设备连接

（1）切换到工作台，打开设备窗口，使用设备工具箱添加"通用串口父设备"与"西门子 – S7200PPI"两个设备，将"西门子 – S7200PPI"驱动作为"通用串口父设备"的子设备，如图 3.3.3 所示。

（2）双击"西门子 – S7200PPI 驱动"进入设备编辑窗口。

（3）为了方便实时查看 PLC 中的配方数据，在设备中添加这些数据的通道并链接变量，如图 3.3.4 所示，以便实时查看这些数据。

图 3.3.2　定义数据变量

图 3.3.3　添加 PLC 设备

索引	连接变量	通道名称	通道
0000		通讯状态	
0001	设备0_读写VWUB000	读写VWUB000	
0002	设备0_读写VWUB002	读写VWUB002	
0003	设备0_读写VWUB004	读写VWUB004	
0004	设备0_读写VWUB006	读写VWUB006	
0005	设备0_读写VWUB008	读写VWUB008	
0006	设备0_读写VWUB0010	读写VWUB010	
0007	设备0_读写VWUB0012	读写VWUB012	
0008	设备0_读写VWUB0014	读写VWUB014	
0009	设备0_读写VWUB0016	读写VWUB016	

图 3.3.4　通道连接变量

3）创建动画构件、编写脚本程序

切换回工作台的"用户窗口"界面，新建一个用户窗口，添加标签、输入框、按钮、自由表格等构件，创建图3.3.5所示的窗口界面。

图3.3.5　组态窗口界面

（1）输入框动画连接。

在上面3个输入框的属性设置窗口的操作属性页，分别关联数据中心变量"面粉""白糖""水"，用于配方数值的显示与修改。

（2）自由表格组态。

双击"PLC"标签下面的自由表格构件，可激活表格构件，进入表格编辑模式。选择"表格"菜单的"连接"命令，会发现表格的行号和列号后面加星号（"＊"）显示，用鼠标右键单击表格，在弹出的"变量选择"对话框中采用从数据中心选择的方式，关联图3.3.6所示的通道连接变量，用于显示通道数据。

连接	A*	B*	C*
1*	0_读写VWUB	0_读写VWUB	0_读写VWUB
2*	0_读写VWUB	0_读写VWUB	0_读写VWUBC
3*	0_读写VWUBC	0_读写VWUBC	0_读写VWUBC

图3.3.6　只有表格连接数据变量

（3）"下移一条"按钮的按下脚本编辑如下：

```
If offset =12 then exit
If(offset <12)then offset =offset +6
```

```
! SetDevice(设备 0,6,"ReadBlock(V,offset,[WUB][WUB][WUB],1,设备字
符串)")
    a =1
    b =1
    b =! InStr(a,设备字符串,",")
    面粉 =! Val(! mid(设备字符串,a,(b -a)))
    a =b +1
    b =! InStr(a,设备字符串,",")
    水 =! Val(! mid(设备字符串,a,(b -a)))
    糖 =! Val(! mid(设备字符串,(b+1),(! Len(设备字符串)-b)))
```

这段脚本程序的含义是：

①在规定的范围内，将 PLC 地址以一组配方数据的长度为单位向后移动。

②读取 PLC 存储器中偏移量位置的配方数据。

③对得到的数据进行解析并将之赋值给配方员，用于显示与修改。

（4）"上移一条"按钮的按下脚本编辑如下：

```
If offset =0 then exit
If(offset > =612)then offset =offset -6

! SetDevice(设备 0,6,"ReadBlock(V,offset,[WUB][WUB][WUB],1,设备字
符串)")
    a =1
    b =1
    b =! InStr(a,设备字符串,",")
    面粉 =! Val(! mid(设备字符串,a,(b -a)))
    a =b +1
    b =! InStr(a,设备字符串,",")
    水 =! Val(! mid(设备字符串,a,(b -a)))
    糖 =! Val(! mid(设备字符串,(b+1),(! Len(设备字符串)-b)))
```

（5）"修改 PLC 配方数据"按钮的按下脚本编辑如下：

```
设备字符串 =! StrFormat("% g,% g,% g",面粉,水,糖)
! SetDevice(设备 0,6,"WriteBlock(V,offset,[WUB][WUB][WUB],1,设备字
符串)")
```

（6）"下载配方数据到 PLC"按钮的按下脚本编辑如下：

```
设备字符串 =! StrFormat("% g,% g,% g",面粉,水,糖)
! SetDevice(设备 0,6,"WriteBlock(V,100,[WUB][WUB][WUB],1,设备字符
串)"
```

例如：将 Data1、Data2、Data3 看作面包配方的面粉、水、糖三个变量，则可以用批量读写函数 ReadPV、WritePV 来查看和修改配方操作。

"!SetDevice（设备0，6，"ReadBlock（V，offset，WUB，3，Data1，nReturn）"）"表示读取 V 寄存器从地址 offset 开始的3个16位无符号二进制数值，将之放入 MCGS 变量 Data1 为起始，连续3个变量（即 Data1、Data2、Data3）中，执行是否成功通过 nReturn 返回，0 表示成功，非0表示失败。这样可以控制读取上一条或者下一条配方数据到组态变量并显示出来。

"!SetDevice（设备0，6，"WriteBlock（V，offset，WUB，3，Data1，nReturn）"）"表示将以 MCGS 变量 Data1 为起始，连续3个变量的值（即 Data1、Data2、Data3），以16位无符号二进制的形式写入 V 寄存器从地址 offset 起始的连续3个寄存器中，执行是否成功通过 nReturn 返回，0 表示成功，非0表示失败。这样可以控制将制定配方数据写入 PLC 指定位置，以达到修改或执行配方数据的目的。

面包配方的三条配方项均存储于西门子 S7 - 200 的 V 寄存器中，数据格式选择16位无符号二进制，所以每个配方成员占2个字节存储空间，每个配方项占6字节，3条占18字节，设定存于 V 寄存器 0 ~ 17 的18字节连续地址空间中，初始的数据可以通过 PLC 编程软件写入，如图3.3.7所示。

	PLC地址	数据
第一条配方的起始地址 →	VWUB000	1
	VWUB002	1
	VWUB004	5
第二条配方的起始地址 →	VWUB006	2
	VWUB008	0
	VWUB010	0
第三条配方的起始地址 →	VWUB012	3
	VWUB014	0
	VWUB016	0

PLC地址	数据
VWUB000	1
VWUB002	1
VWUB004	5

图3.3.7　配方的 PLC 地址

西门子 S7 - 200PLC 模拟面包生产机，接收面包配方的3个参数，接收地址为 V 寄存器 100 ~ 105 字节。

4）下载到 TPC

组态环境设定完毕后，即可下载工程到 HMI，在运行环境中操作配方，连接好 PLC 设备。

（1）单击"上移一条""下移一条"按钮，可切换配方项。当前配方项数据显示在 HMI 下方的3个输入框构件中。

（2）单击"修改 PLC 配方数据"按钮，可将"HMI"下方的3个框中的数据按规定格式写入 PLC，修改 PLC 中的当前配方数据。图3.3.8、图3.3.9所示为配方数据修改过程。

图 3.3.8　配方存于 PLC 中各地址的数据　　　图 3.3.9　修改 PLC 中的第三条配方数据

切换到要采用的配方数据时，单击"下载配方数据的 PLC"按钮，可将选择的配方下载到 PLC 的特定区域，表示改为使用此配方数据，这里为 1 000，此地址随工程的不同而不同，一般为确定值。

最下方的表格控件关联了目标 PLC 中各地址的数据，可实时显示 PLC 中的全部配方数据。

3. 配方存储于 HMI 中设备组态

1）定义数据变量

（1）打开工作台的"实时数据库"，新建 3 个数值型变量"面粉""水""糖"，其他属性保持默认值。

（2）新建组对象"原料组"。将"面粉""水""糖"添加为组成员。

（3）新建一个字符型变量"设备字符串"，其他属性保持默认值。

（4）新建两个数值型变量"a""b"，其他属性保持默认值。

2）添加设备

切换到工作台，打开设备窗口，使用设备工具箱添加"通用串口父设备"与"西门子–S7200PPI"两个设备，将"西门子–S7200PPI"驱动作为"通用串口父设备"的子设备。

3）配方设计

单击"工具"菜单下的"配方组态设计"菜单项，进入 MCGS 嵌入版配方组态窗口，如图 3.3.10（a）所示。

依次选择"文件"→"新增配方组"命令，或单击工具栏的 ⬜ 按钮，新建一个配方组（"配方组 0"），如图 3.3.10（b）所示。

在左侧"所有配方组"下的"配方组 0"上单击鼠标右键，选择"配方组改名"快捷菜单，将配方组重命名为"面包配方"，如图 3.3.11 所示。

（a）   （b）

图 3.3.10　配方组态设计窗口

（a）配方组态窗口；（b）新建配方组 0

![配方组更改名字对话框，请输入新名字：面包配方，OK]

图 3.3.11　更改名配方组

依次选择菜单栏中的"格式"→"增加一行"命令，或单击工具栏的 按钮，新建配方成员，在配方成员的变量名称处单击鼠标右键，在弹出的变量选择对话框中选择变量"面粉"。同理，再新建两个配方成员，分别连接变量"水"和"白糖"，如图 3.3.12 所示。

![配方组态设计窗口，配方组名称：面包配方，变量个数：3，列出编号0面粉、1白糖、2水，输出延时均为0]

编号	变量名称	列标题	输出延时
0	面粉		0
1	白糖		0
2	水		0

图 3.3.12　新建配方成员

单击"使用变量名作列标题名"按钮,将配方成员分别命名为"面粉""水""白糖"。创建好的配方成员如图3.3.13所示。

图3.3.13　创建配方

依次选择"编辑"→"编辑配方"命令,或单击工具栏的 按钮,弹出"配方修改"对话框。在该对话框中单击"增加"按钮,即可增加一个配方项,在对应的"配方名称"中双击表格,添加配方名称,在表格中的数字处添加配方数据,如图3.3.14所示,添加完成后保存,并退"出配方修改"对话框。

图3.3.14　"配方修改"对话框

依次选择"文件"→"保存配方"命令,或单击工具栏的 按钮,保存配方。保存后关闭配方组态设计工具。

4）创建动画构件，编写脚本程序

（1）切换回工作台的"用户窗口"界面，新建一个用户窗口并打开。

（2）新建标签、按钮、输入框等动画构件，组态如图3.3.15所示。

图3.3.15　配方存储于HMI中的组态界面

（3）将两个较大的标签作为标题，分别命名为"HMI"与"PLC"。3个输入框用于显示HMI配方数据值，下面3个标签用于显示PLC设备上的数据值。

（4）将"HMI"下方的三个输入框分别关联数据中心变量"面粉""水""白糖"，用于配方成员的显示与修改。

（5）将"PLC"下面的3个标签作为"显示输出"，用于PLC中数据的显示。关联变量时，选择"根据采集信息生成"单选按钮，通信端口选择"通用串口父设备0［通用串口父设备］"，采集设备选择"设备0［西门子–S7200］"选项，通道类型选择"V数据寄存器"选项，数据类型选择"16位无符号二进制"选项，读写类型选择"读写"选项。3个标签的通道地址依次填写"100""102""104"。3个标签均选择作为数值量输出。

（6）3个按钮构件的文本分别设为"下载配方数据到PLC""查看HMI配方数据""编辑HMI配方数据"。

（7）"下载配方数据到PLC"按钮的按下脚本编辑如下：

```
设备字符串 =! StrFormat("%g,%g,%g",面粉,水,糖)
! SetDevice(设备0,6,"WriteBlock(V,100,[WUB][WUB][WUB],1,设备字符串)")
```

脚本的意义为：将当前配方数据面粉、水、糖的数值按规定格式写入到PLC设备中。

（8）"查看HMI配方数据"按钮的按下脚本编辑如下：

```
! RecipeLoadByDialog("面包配方","请选择一个面包配方")
```

脚本的意义为：调出配方查看对话框，可以查看配方数据。

（9）"编辑HMI配方数据"按钮的按下脚本编辑如下：

```
! RecipeModifyByDialog("面包配方","面包配方")
```

脚本的意义为：调出配方修改对话框，可以编辑指定配方数据。

5）下载到 TPC

在组态环境中设定完毕后，即可下载工程到 HMI，在运行环境中操作配方，连接好 PLC 设备。

（1）输入框初始为数据对象初值 0，当选择指定配方项后，配方项数据显示在"HMI"下方的三个输入框中。

（2）单击"下载配方数据到 PLC"按钮，可将"HMI"下方的 3 个输入框中的数据按规定格式写入到 PLC 中。

（3）单击"查看 HMI 配方数据"按钮可以调出配方查看窗口。

（4）单击"编辑 HMI 配方数据"按钮可以调出配方编辑窗口，编辑、修改配方数据。

4. 调试运行

测试通信功能，将组态程序下载到 TPC7062K 上，将 PLC 程序下载到西门子 S7 – 200 上，再将 TPC7062K 与西门子 S7 – 200 相连接。

1）模拟运行

测试步骤可以参考"模拟运行"功能的测试方法或用自己的思路进行。模拟调试的时候可以看到配方的运行是否按照设定的方式运行。

需要注意的是，测试"模拟运行"功能时并不需要将 TPC7062K 与 PLC 连接，可以在计算机上或将"配方工程"控制程序下载到 TPC7062K 触摸屏上进行模拟运行。

2）联机调试

在模拟运行功能测试完成后，将编写好的 PLC 程序下载到西门子 S7 – 200，再将 TPC7062K 嵌入式一体化触摸屏与西门子 PLC 连接起来。在连接运行时，若单击 TPC7062K 的"配方下载到 PLC"按钮，PLC 没有动作，则要检查通信状态，为了系统调试方便，把触摸屏的"设备 0 – 通信状态"变量显示在组态界面上，这样在通信连线建立后就可以实时反映出通信状态，便于系统调试。

3.3.5 项目总结与评价

本项目主要讲解了配方工程的创建及修改，通过配方存储于 PLC 中和配方存储于 HMI 中两种方法作介绍。本项目的评价可参考表 3.3.2。

表 3.3.2 配方工程项目自我评价

评价内容	评价标准	分值	得分	有待提高部分
工程创建	工程创建正确，保存路径正确	5 分		
配方存储于 PLC 中	画面美观，不缺项	5 分		
	设备连接正确	10 分		
	动画效果正确显示	10 分		
	脚本程序正确	10 分		

续表

评价内容	评价标准	分值	得分	有待提高部分
配方存储于 HMI 中	画面美观，不缺项	5 分		
	设备连接正确	10 分		
	动画效果正确显示	10 分		
	配方创建及编辑	10 分		
	脚本程序正确	10 分		
项目整体调试	下载、整体运行效果符合要求	15 分		
项目收获				

3.3.6 问题与思考

（1）两种配方方案的作用及优缺点的比较。

（2）如何进行 PLC 存储数据单元的设置和修改？

（3）如何下载调试配方程序？

（4）如何在界面中添加一个标签或者输入框构件，用于显示 PLC 设备与组态通信正常的状态？

附　　录

附表 1　运行环境操作函数使用方法说明

函数名称	功能	参数说明
!CallBackSvr（DatName）	调用后台对象	DatName——对象名
!ChangeLoopStgy（StgyName，n）	改变循环策略的循环时间	StgyName——策略名；n——循环时间
!CloseAllWindow（WndName）	关闭除 WndName 外的所有窗口	WndName——用户窗口名
!EnableStgy（StgyName，n）	打开或关闭某个策略	StgyName——策略名；n＝1 打开，n＝0 关闭
!GetDeviceName（Index）	按设备顺序得到设备的名字	Index——设备号
!GetDeviceState（DevName）	按设备查询设备状态	DevName——设备名
!GetStgyName（Index）	按运行策略的顺序获得各策略块的名字	Index——运行策略顺序号
!GetWindowName（Index）	按用户窗口的顺序获得用户窗口的名字	Index——用户窗口顺序号
!GetWindowState（WndName）	按照名字取得用户窗口的状态	WndName——用户窗口名称
!SetActiveX（Activename，n，str）	向窗口中的 ActiveX 控件发出控件命令	Activename——控件名称；n——命令类型；str——命令字符串
!SetDevice（DevName，DevOp，CmdStr）	按照设备名字对设备进行操作	DevOp——设备操作码，CmdStr——设备命令字符串
!SetStgy（StgyName）	执行 StgyName 指定的运行策略	StgyName——策略名
!SetWindow（WndName，Op）	按照名字操作用户窗口	Op——操作用户窗口的方法
!SysWindow（）	打开用户窗口管理窗口	无
!DisableCtrlAltDel（）	屏蔽热键 Ctrl＋Alt＋Del	无
!EnableCtrlAltDel（）	恢复热键 Ctrl＋Alt＋Del	无
!RestartProject（）	重新启动运行环境	无

附表2 数据对象操作函数使用方法说明

函 数 名 称	功 能	参 数 说 明
!AnswerAlm（DatName）	应答数据对象 DatName 所产生的报警	DatName——数据对象名
!ChangeDataSave（Datname，n）	改变数据对象 DatName 存盘的周期	n——存盘时间
!ChangeSaveDat（Datname，Num1，Num2）	改变数据对象 Datname 所对应存盘数据的存盘间隔，把 Num1 小时以前的存盘数据的存盘间隔改为 Num2 秒	Num1——数值型时间量，单位小时
!CopySaveDat（Tdb，Sdb，TabName，TimeField，Flag）	复制数据库中数据表的数据	Tdb——目标数据库名；Sdb——源数据库名；TabName——数据表名；TimeField——定义的时间字段名；Flag——复制方式
!DelAllSaveDat（DatName）	删除数据对象对应的所有存盘数据	DatName——数据对象名
!DelAllAlmDat（DatName）	删除数据对象对应的所有报警存盘数据	DatName——数据对象名
!DelAlmDat（DatName，Num）	删除数据对象的报警存储数据中最早 Num 小时内的报警存储数据	Num——时间，单位为小时
!DelSaveDat（DatName，Num）	删除数据对象的存盘数据中最早 Num 小时内的存盘数据	Num——时间，单位为小时
!EnableAlm（name，n）	打开/关闭数据对象的报警功能	name——变量名；n=1 表示打开报警，n=0 表示关闭报警
!EnableDataSave（name，n）	打开/关闭数据对象的定时存盘功能	n=1 表示打开定时存盘，n=0 表示关闭定时存盘
!GetAlmValue（DatName，Value，Flag）	读取数据对象的报警限值	Value——DataName 当前值的报警限值；Flag——标志要读取何种限值
!GetEventDT（EvName）	返回当前事件和上一次事件之间的时间差	EvName——事件变量名

续表

函 数 名 称	功　　能	参 数 说 明
!GetEventP（EvName）	取到当前事件的附加说明字符串	EvName——事件变量名
!GetEventT（EvName）	取到当前事件产生的时间	EvName——事件变量名
!MoveAlmDat（DatName，File-Name，Num1，Num2，Flag）	把数据对象所对应的报警存盘信息中的第 Num1 小时到 Num1 + Num2 小时内的报警存盘信息提取出来，转存到 FileName 所指定的数据库文件中	FileName——新的报警存盘文件名；Num1，Num2——时间，单位为小时；Flag——转存标志
!MoveSaveDat（DatName，File-Name，Num1，Num2，Flag）	把数据对象的存盘数据中的第 Num1 小时到 Num1 + Num2 小时内的存盘数据提取出来，转存到 FileName 所指定的数据库文件中	同上
!SaveData（DatName）	把数据对象 DataName 对应的当前值存入存盘数据库中	DataName——数据对象名
!SaveDataInit（）	把设置有"退出时自动保存数据对象的当前值作为初始值"属性的数据对象的当前值存入组态结果数据中作为初始值	无
!SaveDataOnTime（Tim，TimeMS，DataName）	使用指定时间保存数据	Time——使用时间函数转换出的时间量；TimeMS——指定存盘时间的毫秒数；DataName——数据对象名
!SaveSingleDataInit（Name）	把数据对象的当前值设置为初始值	Name——数据对象名
!SetAlmValue（DatName，Value，Flag）	设置数据对象的报警限值	DatName——数据对象名；Value——新的报警值；Flag——标志要操作何种限值

附表 3　用户登录操作函数使用方法说明

函数名称	功能	参数说明
! ChangePassword（ ）	弹出密码修改窗口，供当前登录的用户修改密码	无
! CheckUserGroup（strUserGroup）	检查当前登录的用户是否属于 strUserGroup 用户组的成员	strUserGroup——用户组名称
! Editusers（ ）	弹出用户管理窗口，供管理员组的操作者配置用户	无
! EnableExitLogon（n）	打开/关闭退出时的权限检查	n = 1 时表示在退出时进行权限检查，n = 0 则退出时不进行权限检查
! EnableExitPrompt（n）	打开/关闭退出时的提示信息	n = 1 时表示在退出时弹出提示信息对话框，n = 0 则退出时不出现信息对话框
! GetCurrentGroup（ ）	读取当前登录用户所在的用户组名	无
! GetCurrentUser（ ）	读取当前登录用户的用户名	无
! LogOff（ ）	注销当前用户	无
! LogOn（ ）	弹出登录对话框	无
! GetUserNameByIndex（n）	按索引号取得当前用户名	n——索引号值
! GetGroupNameByindex（n）	按索引号取得当前用户组名	n——索引号值
! GetProjectTotalUsers（ ）	取得当前工程用户总数	无

附表4　字符串操作函数使用方法说明

函 数 名 称	功　能	参 数 说 明
!Ascii2I（s）	返回字符串 s 的首字母的 AscII 码值	s——字符型
!Bin2I（s）	把二进制字符串转换为数值	s——字符型
!Format（n，str）	格式化数值型数据对象	n——要转换的数值；str——转换后的格式
!Hex2I（s）	把十六进制字符串转换为数值	s——字符型
!I2Ascii（s）	返回指定 AscII 码值的字符	s——字符型
!I2Bin（s）	把数值转换为二进制字符串	s——字符型
!I2Hex（s）	把数值转换为十六进制字符串	s——字符型
!I2Oct（s）	把数值转换为八进制字符串	s——字符型
!InStr（n，str1，str2）	查找一字符串在另一字符串中最先出现的位置	n——开始搜索的位置；str1——被搜索的字符串；str2——要搜索的字符串
!Lcase（str）	把字符型数据对象 str 的所有字符转换成小写	str——字符串
!Left（str，n）	字符型数据对象 str 左边起，取 n 个字符	str——源字符串；n——字符个数
!Len（Str）	求字符型数据对象 str 的字符串长度（字符个数）	str——字符串
!Ltrim（str）	把字符型数据对象 str 中最左边的空格剔除	str——字符串

函 数 名 称	功　能	参 数 说 明
!lVal（str）	将数值类字符串转化为长整型数值	str——字符串
!Mid（str，n，k）	从字符型数据对象 str 左边第 n 个字符起，取 k 个字符	str——源字符串；n——起始位置；k——取字符数
!Oct2I（s）	把八进制字符串转换为数值	s——字符型
!Right（str，n）	从字符型数据对象 str 右边起，取 n 个字符	str——源字符串；n——字符数
!Rtrim（str）	把字符型数据对象 str 中最右边的空格剔除	str——字符串
!Str（x）	将数值型数据对象 x 的值转换成字符串	x——数据对象
!StrComp（str1，str2）	比较字符型数据对象 str1 和 str2 是否相等	str1——字符串 1；str2——字符串 2
!StrFormat（FormatStr，任意个数变量）	格式化字符串	FormatStr——格式化字符串
!Trim（str）	把字符型数据对象 str 中左、右两端的空格剔除	str——字符串
!Ucase（str）	把字符型数据对象 str 的所有字符转换成大写	str——字符串
!Val（str）	把数值类字符型数据对象 str 的值转换成数值	str——字符串

附表5　定时器操作函数使用方法说明

函 数 名 称	功　　能	参 数 说 明
!TimerClearOutput（定时器号）	断开定时器的数据输出连接	定时器号
!TimerRun（定时器号）	启动定时器开始工作	定时器号
!TimerStop（定时器号）	停止定时器工作	定时器号
!TimerSkip（定时器号，步长值）	在计时器当前时间数上加/减指定值	定时器号，步长值
!TimerReset（定时器号，数值）	设置定时器的当前值	定时器号，数值
!TimerValue（定时器号，0）	取定时器的当前值	定时器号，数值
!TimerStr（定时器号，转换类型）	以时间类字符串的形式返回当前定时器的值	定时器号；转换类型值
!TimerState（定时器号）	取定时器的工作状态	定时器号
!TimerSetLimit（定时器号，上限值，参数3）	设置定时器的最大值	定时器号，上限值，参数3＝0 或 1
!TimerSetOutput（定时器号，数值型变量）	设置定时器的值输出连接的数值型变量	定时器号，数值
!TimerWaitFor（定时器号，数值）	等待定时器工作到"数值"指定的值后，脚本程序才向下执行	定时器号，数值

附表 6　系统操作函数使用方法说明

函 数 名 称	功　　能	参 数 说 明
!AppActive（Title）	激活指定的应用程序	Title——所要激活的应用程序窗口的标题
!Beep（）	发出嗡鸣声	无
!EnableDDEConnection（DatName，n）	启动/停止数据对象的 DDE 连接	DatName——数据对象名；n=1 时表示启动数据对象的 DDE 连接，n=0 时则停止数据对象的 DDE 连接
!EnableDDEInput（DatName，n）	启动/停止数据对象的 DDE 连接时外部数值的输入	同上
!EnableDDEOutput（DatName，n）	启动/停止数据对象的 DDE 连接时向外部输出数值	同上
!LinePrtOutput（str）	输出到行式打印机	str——字符串
!PlaySound（SndFileName，Op）	播放声音文件	SndFileName——声音文件的名字；Op——播放类型
!SendKeys（str）	将一个或多个按键消息发送到活动窗口	str——要发送的按键消息
!SetLinePrinter（n）	打开/关闭形式打印输出	n=1，表示打开行式打印输出；n=0，表示关闭行式打印输出
!SetTime（n1，n2，n3，n4，n5，n6）	设置当前系统时间	n1~n6——年、月、日、小时、分钟、秒
!Shell（pathname，windowstyle）	启动并执行指定的外部可执行文件	Pathname——要执行的外部应用程序的名称；Windowstyle——被执行的外部应用程序窗口的状态
!Sleep（mTime）	在脚本程序中等待若干毫秒，然后再执行下条语句	mTime——等待的毫秒
!TerminateApplication（AppName，Timeout）	强行关闭指定的应用程序	AppName——应用程序标题名；Timeout——等待超时时间

函　数　名　称	功　　能	参　数　说　明
!WaitFor（Dat1，Dat2）	在脚本程序中等待设置的条件满足，脚本程序再向下执行	Dat1——条件表达式；Dat2——等待条件满足的超时时间
!WinHelp（HelpFileName，uCommand，dwData）	调用 Windows 帮助文件	HelpFileName——帮助文件名；Ucommand——调用类型；dwData——上下文编号的数值
!Navigate（WebAddress）	引导浏览器浏览其他的网页	WebAddress——所要浏览的网址
!DDEReconnect（）	重新检查并恢复所有的 DDE 连接	无
!ShowDataBackup（）	显示数据备份恢复对话框	无

附表7　数学函数使用方法说明

函　数　名　称	功　　能	参　数　说　明
!Atn（x）	反正切函数	x——数值型
!Arcsin（x）	反正弦函数	x——数值型
!Arccos（x）	反余弦函数	x——数值型
!Cos（x）	余弦函数	x——数值型
!Sin（x）	正弦函数	x——数值型
!Tan（x）	正切函数	x——数值型
!Exp（x）	指数函数	x——数值型
!Log（x）	对数函数	x——数值型
!Sqr（x）	平方根函数	x——数值型
!Abs（x）	绝对值函数	x——数值型
!Sgn（x）	符号函数	x——数值型
!BitAnd（x，y）	按位与	x，y——开关型
!BitOr（x，y）	按位或	x，y——开关型

函 数 名 称	功　能	参 数 说 明
!BitXor（x，y）	按位异或	x，y——开关型
!BitClear（x，y）	指定位置 0，即从 0 位开始的第 y 位置 0	x，y——开关型
!BitSet（x，y）	指定位置 1，即从 0 位开始的第 y 位置 1	x，y——开关型
!BitNot（x）	按位取反	x——数值型
!BitTest（x，y）	从 0 位开始到 y 位止检测指定位是否为 1	x，y——开关型
!BitLShift（x，y）	从 0 位开始向左移动 y 位	x，y——开关型
!BitRShift（x）	从 0 位开始向右移动 y 位	x——数值型
!Rand（x，y）	生成 x 和 y 之间的随机数	x，y——开关型

附表 8　文件操作函数使用方法说明

函 数 名 称	功　能	参 数 说 明
!FileAppend（strTarget，strSource）	将文件 strSource 中的内容添加到文件 strTarget 后面使两文件合并为一个文件	strTarget——目标文件路径；strSource——源文件路径
!FileCopy（strSource，strTarget）	将源文件 strSource 复制到目标文件 strTarget，若目标文件已存在，则将目标文件覆盖	strTarget——目标文件路径；strSource——源文件路径
!FileDelete（strFilename）	将 strFilename 目标文件删除	strFilename——被删除的文件路径
!FileFindFirst（strFilename，objName，objSize，objAttrib）	查找第一个名字为 str-Filename 的文件或目录	strFilename——要查找的文件名；objAttrib——查找结果的属性；objSize——查找结果的大小；objName——查找结果的名称
!FileFindNext（FindHandle，objName，objSize，objAttrib）	根据 FindHandle 提供的句柄，继续查找下一个文件或目录	FindHandle——句柄；objName——查找结果的名称；objSize——查找结果的大小；objAttrib——查找结果的名称

函 数 名 称	功 能	参 数 说 明
! FileIniReadValue (strIniFilename, str-Section, strItem, objResult)	从配置文件（".ini"文件）中读取一个值	trIniFilename——配置文件的文件名；strSection——读取数据所在的节的名称；strItem——读取数据的项名；objResult——保存读到的数据
! FileIniWriteValue (strIniFilename, str-Section, strItem, objResult)	向配置文件（".ini"文件）中写入一个值	trIniFilename——配置文件的文件名；strSection——读取数据所在的节的名称；strItem——读取数据的项名；objResult——保存读到的数据
!FileMove (strSource, strTarget)	将文件 strSource 移动并改名为 strTarget	strTarget——目标文件路径；strSource——源文件名
!FileReadFields (strFilename, lPosition, 任意个数变量)	从 strFilename 指定的文件中读出 CSV（逗号分隔变量）记录	strFilename——文件名；lPosition——数据开始位置
! FileReadStr (strFilename, lPosition, lLength, objResult)	从 strFilename 指定文件（需为".dat"文件）中 Iposition 位置开始，读取 Ilength 个字节或一整行，并将结果保存到 objResult 字符型数据对象中	strFilename——文件名；lPosition——数据开始位置；lLength——要读取数据的字节数；objResult——存放结果的数据对象
! FileSplit (strSourceFile, strTargetFile, FileSize)	把一个文件切开为几个文件	strSourceFile——准备切开的文件名；strTargetFile——切开后的文件名；FileSize——切开的文件的最大值，单位是 MB
!FileWriteFields (strFilename, lPosition, 任意个数变量)	向 strFilename 指定的文件中写入 CSV（逗号分隔变量）记录	strFilename——文件名；lPosition——数据开始位置
!FileWriteStr (strFilename, lPosition, str, Rn)	向指定文件 strFilename 中的 Iposition 位置开始，写入一个字符串或一整行	strFilename——文件名；lPosition——数据开始位置；str——要写入的字符串；Rn——是否换行；0 表示不换行，1 表示换行

附表 9　ODBC 数据库函数使用方法说明

函 数 名 称	功　能	参 数 说 明
！ODBCOpen（strDatabastName，strSQL，strName）	打开指定的数据库中的数据表，并为该数据库连接指定一个名字	strDatabastName——数据库名；strSQL——SQL 语句；strName——指定数据连接名
！ODBCSeekToPosition（strName，IPosition）	跳转到数据库的指定的行	strName——指定数据连接名；IPosition——指定跳转的行
！ODBCClose（strName）	关闭指定的数据连接	strName——数据连接名
！ODBCConnectionCloseAll（）	关闭当前使用的所有的 ODBC 数据库	无
！ODBCConnectionCount（）	获取当前使用的所有的 ODBC 数据库的个数	无
！ODBCConnectionGetName（ILD）	获取指定的 ODBC 数据库的名称	ILD——开关型
！ODBCDelete（strName）	删除由指定的数据库的当前行	strName——数据连接名
！ODBCEdit（strName）	在指定的 ODBC 数据中用当前连接的数据对象的值修改数据库当前行	strName——数据连接名
！ODBCExecute（strName，strSQL）	在打开的数据中，执行一条 SQL 语句	strName——数据连接名；strSQL——SQL 语句
！ODBCGetCurrentValue（strName）	获取数据库当前行的值	strName——数据连接名
！ODBCGetRowCount（strName）	获取 ODBC 数据库的行数	strName——数据连接名
！ODBCIsBOF（strName）	判断 ODBC 数据库的当前位置是否位于所有数据的最前面	strName——数据连接名
！ODBCIsEOF（strName）	判断 ODBC 数据库的当前位置是否位于所有数据的最后面	strName——数据连接名
！ODBCMoveFirst（strName）	移动到数据库的最前面	strName——数据连接名
！ODBCMoveLast（strName）	移动到数据库的最后面	strName——数据连接名
！ODBCMoveNext（strName）	移动到数据库的下一个记录	strName——数据连接名
！ODBCMovePrev（strName）	移动到数据的上一个记录	strName——数据连接名
！ODBCBind（strName，任意个数变量）	把若干个数据对象绑定到 ODBC 数据库上	strName——数据连接名
！ODBCAddnew（strName）	在 ODBC 数据库中，用当前连接的数据对象的值添加一行	strName——数据连接名

附表 10　配方操作函数使用方法说明

函 数 名 称	功　能	参 数 说 明
！RecipeLoad（strFilename，strRecipeName）	装载配方文件	strFilename——配方文件名；strRecipeName——配方表名
！RecipeMoveFirst（strRecipeName）	移动到第一个配方记录	strRecipeName——配方表名
！RecipeMoveLast（strRecipeName）	移动到最后一个配方记录	strRecipeName——配方表名
！RecipeMoveNext（strRecipeName）	移动到下一个配方记录	strRecipeName——配方表名
！RecipeMovePrev（strRecipeName）	移动到前一个配方记录	strRecipeName——配方表名
！RecipeSave（strFilename，strRecipeName）	保存配方文件	strFilename——配方文件名；strRecipeName——配方表名
！RecipeSeekTo（strRecipeName，DataName，Str）	查找配方	strRecipeName——配方表名；DataName——数据对象名；Str——数据对象对应的值
！RecipeSeekToPosition（strRecipeName，rPosition）	跳转到配方表指定的记录	strRecipeName——配方表名；rPosition——指定跳转的记录行
！RecipeSort（strRecipeName，DataName，Num）	配方表排序	strRecipeName——配方表名；DataName——数据对象名；Num——排列类型，0 或 1
！RecipeClose（strRecipeName）	关闭配方表	strRecipeName——配方表名
！RecipeDelete（strRecipeName）	删除配方表当前配方	strRecipeName——配方表名
！RecipeEdit（strRecipeName）	用当前数据对象的值来修改配方表中的当前配方	strRecipeName——配方表名
！RecipeGetCount（strRecipeName）	获取配方表中配方的个数	strRecipeName——配方表名
！RecipeGetCurrentPosition（strRecipeName）	获取配方表 strRecipeName 中当前的位置	strRecipeName——配方表名
！RecipeGetCurrentValue（strRecipeName）	将配方表中的值装载到与其绑定的数据对象上	strRecipeName——配方表名
！RecipeInsertAt（strRecipeName）	将当前数据对象的值，添加到配方表所指定的记录行上	strRecipeName——配方表名
！RecipeBind（strRecipeName）	把若干个数据对象绑定到配方表上	strRecipeName——配方表名
！RecipeAddNew（strRecipeName）	在配方表中，用当前连接的数据对象的值添加一行	strRecipeName——配方表名

附表 11　时间运算函数使用方法说明

函 数 名 称	功　能	参 数 说 明
!TimeStr2I（strTime）	将表示时间的字符串转换为时间值	strTime——时间字符串
!TimeI2Str（iTime，strFormat）	将时间值转换为字符串表示的时间	iTime——时间值；strFormat——转换后的时间字符串的格式
!TimeGetYear（iTime）	获取时间值 iTime 中的年份	iTime——时间值
!TimeGetMonth（iTime）	获取时间值 iTime 中的月份	iTime——时间值
!TimeGetSecond（iTime）	获取时间值 iTime 中的秒数	iTime——时间值
!TimeGetSpan（iTime1，iTime2）	计算两个时间 iTime1 和 iTime2 之差	iTime1，iTime2——时间值
!TimeGetDayOfWeek（iTime）	获取时间值 iTime 中的星期	iTime——时间值
!TimeGetHour（iTime）	获取时间值 iTime 中的小时	iTime——时间值
!TimeGetMinute（iTime）	获取时间值 iTime 中的分钟	iTime——时间值
!TimeGetDay（iTime）	获取时间值 iTime 中的日期	iTime——时间值
!TimeGetCurrentTime（iTime）	获取当前时间值	无
!TimeSpanGetDays（iTimeSpan）	获取时间差中的天数	iTimeSpan——时间差
!TimeSpanGetHours（iTimeSpan）	获取时间差中的小时数	iTimeSpan——时间差
!TimeSpanGetMinutes（iTimeSpan）	获取时间差中的分钟数	iTimeSpan——时间差
!TimeSpanGetSeconds（iTimeSpan）	获取时间差中的秒数	iTimeSpan——时间差
!TimeSpanGetTotalHours（iTimeSpan）	获取时间差中的小时总数	iTimeSpan——时间差
!TimeSpanGetTotalMinutes（iTimeSpan）	获取时间差中的分钟总数	iTimeSpan——时间差
!TimeSpanGetTotalSeconds（iTimeSpan）	获取时间差中的秒总数	iTimeSpan——时间差
!TimeAdd（iTime，iTimeSpan）	向时间中加入由 iTimeSpan 指定的秒数	iTime——初始时间值；iTimeSpan——要加的秒数

参 考 文 献

［1］曹辉. 组态软件技术及应用（第2版）［M］. 北京：电子工业出版社，2012.

［2］李红萍. 工控组态技术及应用——MCGS［M］. 西安：西安电子科技大学出版社，2013.

［3］张文明. 嵌入式组态控制技术［M］. 北京：中国铁道出版社，2011.

［4］李宁. 组态控制技术及应用［M］. 北京：清华大学出版社，2015.

［5］于玲. 工业组态监控软件及应用［M］. 北京：化学工业出版社，2012.

［6］吕景泉. 自动生产线安装与调试（第2版）［M］. 北京：中国铁道出版社，2010.

［7］袁秀英. 计算机监控系统的设计与调试：组态控制技术［M］. 北京：电子工业出版社，2010.

［8］王芹. 可编程控制器技术及应用［M］. 天津：天津大学出版社，2008.

［9］MCGS嵌入版组态说明书.

［10］MCGS通用版组态说明书.